LES

COMPTEURS

D'ÉLECTRICITÉ

BIBLIOTHÈQUE DES ACTUALITÉS INDUSTRIELLES N° 74

LES COMPTEURS D'ÉLECTRICITÉ

PAR

ERNEST COUSTET

Avec 56 Figures dans le texte

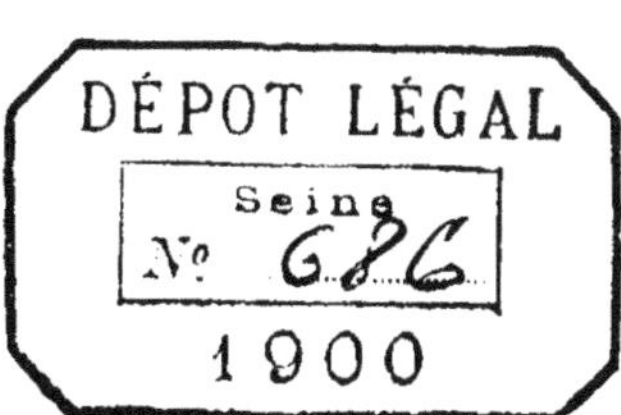

PARIS

BERNARD TIGNOL, Éditeur

LIBRAIRIE SCIENTIFIQUE, INDUSTRIELLE & AGRICOLE

53 BIS, QUAI DES GRANDS-AUGUSTINS, 53 BIS

INTRODUCTION

L'emploi de l'électricité fournie par les stations centrales se généralise de plus en plus. Distribué partout, dans les appartements, dans les magasins, dans les cafés, dans les hôtels et dans les salles de spectacles, le courant reçoit des applications chaque jour plus nombreuses.

L'éclairage, par arc ou par incandescence, reste, sans doute, la forme la plus répandue de l'énergie électrique et la principale source de recettes pour les usines qui la produisent. Mais le chauffage par l'électricité prend depuis quelques années une importance croissante, justifiée d'ailleurs par des qualités toutes particulières d'hygiène, de sécurité et de confort qui, dans bien des cas, le font préférer à tout autre mode de chauffage, malgré son prix encore assez élevé. Dans un grand nombre d'installations privées, des fils sont établis pour donner le calorique nécessaire aux bouilloires, aux théières, aux chaufferettes, aux radiateurs; aux fours, grils et casserolles ; aux chauffe-fers, chauffe-bains, allumoirs, etc.

L'énergie électrique est aussi utilisée comme force motrice et c'est sous ce rapport surtout que les services qu'elle est appelée à rendre sont presque illimités : ascenseurs, monte-plats, machines à coudre, pompes, tours, ventilateurs et jusqu'à des cire-bottes, tout ce qui exige une force puissante ou restreinte, un mouvement rapide ou lent, peut, à tout instant et grâce à l'électricité, être mis en fonctionnement immédiat.

Soumis à des usages aussi multiples et aussi variés, le courant est actuellement consommé dans des conditions telles qu'il devient désormais difficile d'appliquer le contrat *à forfait*.

Très répandu il y a quelques années, ce mode de tarification tend à disparaître de jour en jour et cela se conçoit. Les premières stations centrales, généralement établies au milieu d'agglomérations de faible importance, empruntaient sans grands frais la force hydraulique d'une chute ou d'un cours d'eau voisins. Le courant était distribué uniquement en vue de l'éclairage et seulement pendant une partie de la soirée. L'abonné avait alors la lumière *à disposition* pour un certain nombre de lampes fonctionnant presque toujours simultanément et payait à l'usine une somme fixe. Le contrat ainsi établi présentait en somme peu d'aléas, en raison de la régularité de la consommation et de ce fait que les variations possibles ne pouvaient avoir une bien grande importance, un léger surcroît de débit n'augmentant pas sensiblement les frais d'exploitation.

Mais aujourd'hui les conditions de fonctionnement sont bien différentes, surtout dans les grands centres. La plupart des usines récemment construites font usage de moteurs à vapeur et la dépense de combustible est proportionnelle à la quantité d'énergie distribuée. Ces usines fonctionnent, en outre, d'une façon ininterrompue et l'abonné a la faculté de consommer à toute heure du jour et de la nuit, tantôt pour un éclairage restreint, tantôt pour un éclairage important, tantôt pour le chauffage ou pour la mise en marche d'un moteur. Le débit, loin d'être régulier, est, au contraire, caractérisé par des changements incessants, et la courbe de consommation de chaque abonné accuse des variations continuelles suivant la saison, suivant le temps, suivant l'heure de la journée — et pour des causes multiples que l'on ne saurait prévoir.

Il n'est pas possible, dès lors, de déterminer à l'avance l'importance éventuelle de la consommation chez tel ou tel abonné et il ne serait pas pratique de laisser le courant à sa disposition à toute heure du jour et de la nuit moyennant une somme fixée une fois pour toutes. Ce mode de tarification serait presque toujours ou trop dispendieux pour l'abonné ou insuffisamment rémunérateur pour la station.

Le contrat à forfait deviendra donc forcément de plus en plus exceptionnel. Dans un seul cas, il nous paraît encore admissible : c'est celui qui concerne exclusivement l'éclairage d'un magasin ou d'un café, éclairage comportant toujours le même nombre de lampes régulièrement allumées chaque soir au déclin du jour et éteintes à heure fixe. Mais, même dans ce cas, l'abonné pouvant être amené à devancer l'heure de l'allumage ou à reculer celle de l'extinction, ou encore à augmenter son éclairage en faisant usage de lampes plus puissantes que celles prévues au contrat, ce genre d'abonnement laisse toujours le champ libre à la fraude, malgré une surveillance onéreuse pour la station et vexatoire pour l'abonné.

Il est plus rationnel de faire payer à ce dernier une somme proportionnée à sa consommation, mais ce mode de tarification suppose la connaissance exacte de la quantité d'énergie dépensée par l'abonné et nécessite l'emploi d'un *Compteur de consommation.*

L'imperfection des premiers instruments de ce genre n'a pas peu contribué, dans les débuts, à répandre le contrat à forfait. Mais bientôt de nouveaux appareils ont surgi, des améliorations successives ont été apportées aux modèles primitifs, si bien qu'aujourd'hui il est possible de connaître, à un ou deux pour cent près, la consommation effective de chaque abonné. Cette approximation, il importe de le remarquer, n'est point dépassée par les meilleurs compteurs à gaz ou à eau. Le résultat acquis est donc dès à présent satisfaisant, et bien que de nouveaux perfectionnements restent à souhaiter, on peut considérer le problème comme suffisamment résolu pour les besoins de la pratique courante et s'en tenir désormais au seul mode de vente de l'énergie qui soit vraiment logique. Dans ces conditions, le compteur devient un organe essentiel dans toute installation électrique sérieuse; c'est pourquoi nous avons pensé qu'il ne serait pas inutile de lui consacrer une étude spéciale. Il nous paraît superflu d'insister sur l'importance d'un instrument dont les indications servent de base à l'application du tarif. Qu'il nous suffise de rappeler que la Ville de Paris a jugé la question assez intéressante pour organiser, en 1889 et 1891, deux concours de compteurs électriques.

Après avoir défini brièvement les unités actuellement usitées en la matière, et précisé l'objet des indications des compteurs par l'analyse des éléments dont se compose la consommation de l'énergie électrique, nous examinerons successivement les différentes méthodes proposées pour établir la dette de l'abonné envers la station. Un dernier chapitre, que nous nous sommes efforcé de traiter d'une façon aussi pratique que possible, sera réservé au choix et à l'emploi des compteurs. Il résumera les conditions que ces appareils doivent réaliser pour donner satisfaction aux deux parties contractantes, et les soins qu'il est indispensable d'apporter dans leur réglage et dans leur entretien; nous y signalerons en outre les précautions à prendre pour éviter toute erreur dans les relevés de consommation.

CHAPITRE PREMIER

OBJET DES COMPTEURS — UNITÉS DE MESURE — CLASSIFICATION

On entend par *Compteur d'électricité* tout appareil ayant pour but de faire connaître la quantité de courant consommée par chaque abonné entre deux époques données.

Voyons d'abord quelles sont les unités adoptées pour mesurer et exprimer cette consommation.

L'unité pratique d'énergie électrique la plus généralement usitée aujourd'hui est le *Wattheure* ou ses multiples : *Hectowattheure, Kilowattheure,* selon les cas. Le Wattheure représente la quantité d'énergie électrique dépensée par un appareil quelconque, lampe, réchaud ou moteur, pendant une heure, lorsque l'intensité du courant traversant cet appareil est de un ampère et que la différence de potentiel entre ses bornes est de un volt.

D'autres unités sont parfois employées.

Le *Coulomb* est la quantité de courant traversant un circuit pendant une seconde, avec une intensité de un ampère, abstraction faite du voltage. Le coulomb exprimant une quantité très faible, on se sert plutôt de son multiple, le *Myriacoulomb* qui vaut 10,000 coulombs ou de l'*Ampère-heure* qui en vaut 3,600.

Le *Volt-heure* représente la quantité d'électricité absorbée en une heure par un appareil, lorsque la différence de potentiel aux bornes de cet appareil est de un volt, l'intensité étant alors supposée invariable ou ne devant pas entrer en compte, selon les cas

Nous ne mentionnons que pour mémoire le *Carcel-heure* et la *Bougie-heure*, ces unités photométriques ne pouvant être appliquées à la consommation de l'énergie électrique. Ce n'est pas, en effet, la lumière elle-même qui doit être tarifée (ce serait, du reste, malaisé et il pourrait en résulter des contestations interminables entre le producteur et le consommateur), mais bien le courant livré par la station et utilisé par l'abonné selon ses besoins et sous la forme qui lui convient, éclairage, chauffage ou force motrice.

La définition que nous avons donnée du wattheure suffit pour montrer que la consommation de l'énergie électrique est chose assez complexe, puisqu'elle dépend de trois éléments, intensité, voltage, temps, et qu'elle est proportionnelle à chacun de ces trois facteurs. Ainsi, la quantité W d'énergie consommée pendant un temps élémentaire $d\,t$ par un appareil d'utilisation absorbant un courant d'une intensité I avec une différence de potentiel aux bornes E sera :

$$W = I\,E\,d\,t$$

Pour avoir la consommation totale pendant une période T, il faudra nécessairement intégrer le produit ci-dessus de O à T, soit :

$$W = \int_0^T I\,E\,d\,t$$

C'est cette intégration que les compteurs d'électricité doivent effectuer. Théoriquement donc, tous les compteurs d'électricité devraient être des *Watts-heures-mètres intégrateurs*, c'est-à-dire des appareils totalisant la consommation de l'énergie en tenant compte de toutes les variations de chacun des éléments dont elle se compose. En pratique, cependant, le problème peut se simplifier, ce qui permet l'emploi d'appareils moins coûteux et moins délicats que les watts-heures-mètres.

La distribution de l'énergie électrique par stations centrales peut, en effet, se faire de deux façons : 1° à potentiel constant et intensité variable, les appareils d'utilisation étant branchés chacun en dérivation séparée; 2° à intensité constante et voltage variable, les appareils étant disposés en série dans le circuit, les uns à la suite des autres. Dans ces conditions, on peut se contenter d'intégrer en fonction du temps l'élément variable, intensité dans le premier cas et voltage dans le second, et si l'on multiplie le produit ainsi obtenu par un facteur constant représentant l'élément invariable et par conséquent connu, on aura avec une approximation suffisante la somme d'énergie consommée.

Dans certains cas il est possible de simplifier encore davantage. Si l'abonné ne dispose que d'un seul appareil d'utilisation, ou bien s'il a plusieurs appareils fonctionnant simultanément, on conçoit que le produit I E puisse être considéré comme pratiquement constant et qu'il suffise, dès lors, de totaliser les heures de consommation.

Nous aurons donc à passer successivement en revue, en allant des appareils les plus simples aux appareils les plus complexes :

1° Les *Compteurs de temps*, totalisant exclusivement le facteur dt;

2° Les *Compteurs d'intensité* ou de quantité, désignés aussi sous les noms de *Coulombs-mètres* et *Ampères-heures-mètres*, intégrant le produit $\int I\,dt$;

3° Les *Volts-heures-mètres*, qui intègrent $\int E\,dt$;

4° Les *Watts-heures-mètres* ou compteurs d'énergie électrique proprement dits, intégrant $\int I\,E\,dt$.

Nous verrons enfin une cinquième catégorie d'appareils pouvant remplir l'office de compteurs : ce sont les *Enregistreurs*, instruments de mesure (Voltmètres, Ampèremètres, Wattmètres) qui, en inscrivant leurs indications sur une bande de papier, font connaître le débit de chaque moment et, indirectement, le débit total, par l'intégration ultérieure de la courbe tracée.

Au cours des chapitres qui vont suivre nous aurons à établir d'autres subdivisions nécessitées par la diversité des systèmes employés, diversité existant non seulement dans les dispositifs mécaniques imaginés par les constructeurs, mais aussi dans les principes mêmes sur lesquels repose le fonctionnement des différents mécanismes. Nous devons indiquer cependant dès à présent que tous les compteurs ne sauraient convenir pour mesurer indistinctement et les courants continus et les courants alternatifs. Avec ces derniers la question se complique, car il faut, dans ce cas, tenir compte de la fréquence plus ou moins grande des alternances (à moins qu'elle puisse être considérée comme pratiquement constante) et des phénomènes de self-induction qui pourraient amener des perturbations et causer des erreurs. D'autre part, il ne suffit plus ici d'intégrer la quantité en fonction du temps et de totaliser des coulombs ou des ampères-heures. Il faut intégrer en fonction du temps la racine carrée de la moyenne des carrés de l'intensité, soit :

$$\int_0^T \sqrt{(I^2)\,moy.}\;dt$$

Nous verrons plus loin quels sont les instruments qui réalisent ces conditions.

CHAPITRE II

LES COMPTEURS DE TEMPS

Les Compteurs de temps ou Compteurs horaires, sont tous constitués par un mouvement d'horlogerie actionnant une minuterie qui totalise sur un ou plusieurs cadrans les heures de consommation. Le mécanisme doit être mis en mouvement dès que l'abonné utilise le courant, et s'arrêter aussitôt que cesse cette utilisation. Pour cela, trois dispositifs différents peuvent être adoptés :

1° Un mouvement d'horlogerie ordinaire, avec ressort moteur que l'on remonte périodiquement, chaque mois par exemple, actionne les aiguilles du totalisateur. L'échappement, à ancre ou à cylindre, est enclenché par l'armature d'un électro-aimant ou d'un solénoïde branché dans le circuit de l'abonné. Dès que le courant passe, par suite de la manœuvre d'un interrupteur quelconque, l'attraction de l'armature déclenche l'échappement et l'horloge fonctionne tant que le circuit reste fermé ;

2° Le même mouvement d'horlogerie est enclenché et déclenché par l'interrupteur du courant, disposé à cet effet sur le compteur même, les deux appareils n'en faisant qu'un ;

3° Le mouvement d'horlogerie est actionné, non plus par un ressort, mais par le courant lui-même, ce qui dispense des remontages périodiques, et ne fonctionne par conséquent qu'à circuit fermé, l'interrupteur du courant étant, comme dans le premier cas, indépendant du compteur.

Nous décrirons rapidement les modèles les plus répandus de chacun de ces trois types.

Compteur Aubert. — M. Aubert, de Lausanne, construit deux modèles de compteurs horaires, l'un à solénoïde et l'autre à interrupteur.

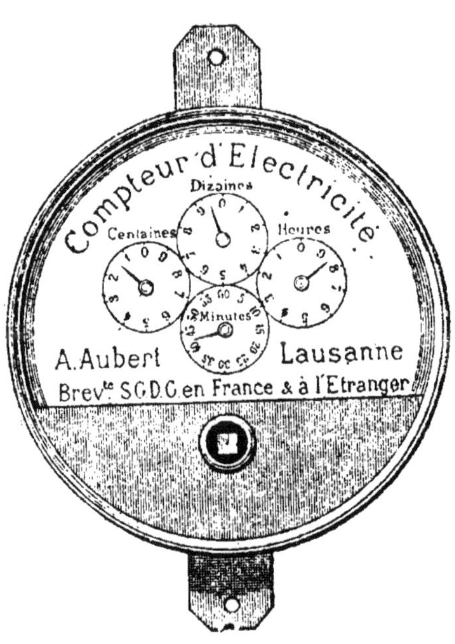

Fig. 1. — Compteur Aubert.

1° *Compteur à solénoïde.* — Cet appareil, de dix centimètres de diamètre, renferme un mouvement d'horlogerie marchant cinq cents heures et actionnant quatre aiguilles qui indiquent les unités, les dizaines et les centaines d'heures, ainsi que les minutes (fig. 1). La boîte renfermant le mécanisme est munie de deux pattes au moyen desquelles on la fixe contre une paroi à l'aide de deux vis. Cette boîte est percée de deux trous par lesquels passent les fils aboutissant au solénoïde. Aucune mise d'aplomb n'est nécessaire, le mouvement d'horlogerie pouvant fonctionner dans toutes les positions.

La fig. 2 montre les organes intérieurs de l'appareil et en explique le fonctionnement.

Dès que le courant commence à passer, le noyau mobile B' du solénoïde est attiré et déplace le levier coudé *c* qui, en se relevant, permet au balancier H de prendre son mouvement d'oscillation. Le compteur marche alors tant que le circuit reste fermé. Lorsque le courant est interrompu, le noyau B' se relève légèrement sous l'effet de détente du ressort R et le levier C s'abaisse. Ce levier porte un ressort c^2 contre lequel vient buter une gupille d'arrêt *h* fixée sur le balancier H. Celui-ci, par

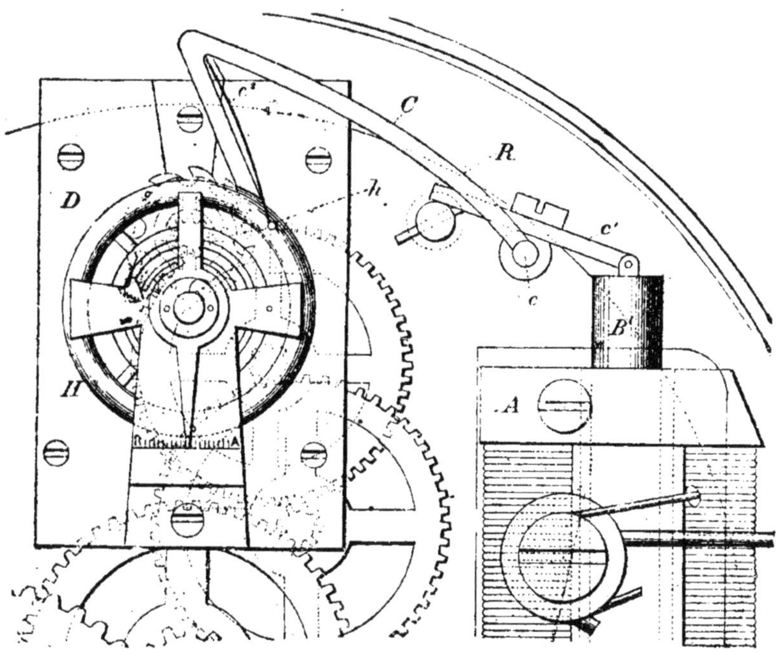

Fig. 2. — Déclenchement du Compteur Aubert.

sa force d'inertie, fait soulever le ressort c^2 qui permet à la goupille *h* de passer, mais la retient ensuite, grâce à l'appui que lui prête le bras du levier coudé C lorsque le balancier, ayant terminé sa demi-oscillation, tend à revenir à son point de départ. Le spiral se trouvant alors légèrement armé, le balancier sera toujours prêt à repartir dès qu'un faible courant viendra de nouveau attirer le noyau mobile B' et soulever le levier coudé C.

2° *Compteur à interrupteur.* — Il ne diffère du précédent qu'en ce que le solénoïde est remplacé par un interrupteur qui, tout en fermant ou ouvrant le circuit, opère simultanément la mise en marche ou l'arrêt du mécanisme. L'interrupteur consiste en une clé apparente sur la face antérieure de l'appareil, et agissant mécaniquement sur le balancier pour empêcher son mouvement oscillatoire ou pour le laisser libre. Un index venant se placer sur les lettres A et E imprimées en rouge sur le cadran, indique que les lampes de l'installation sont *allumées* ou *éteintes*. L'interrupteur peut, suivant les modèles, supporter un courant de un à trente ampères.

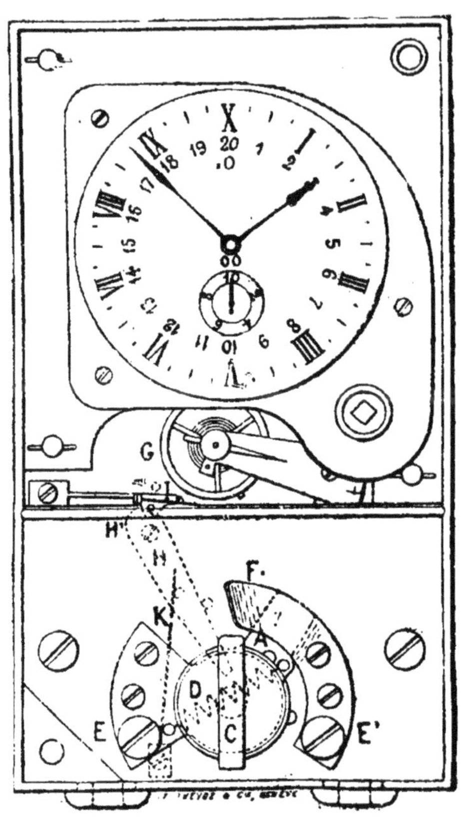

Fig. 3.

Compteur de la Compagnie de l'Industrie électrique (Genève). — Il se compose de deux parties : un interrupteur et un compteur d'heures. La fig. 3 en montre les principaux organes.

L'*interrupteur* est formé d'une touche A commandée par une clé isolée C et retenue dans la position d'interruption par le ressort D. Le support de cette pièce porte une vis E à laquelle aboutit un des conducteurs du courant. L'autre conducteur est fixé à la vis E′ placé à l'extrémité du contact isolé F, dans lequel on engage la touche A quand on veut fermer le circuit. Les fils conducteurs pénètrent dans le compteur, tout près de leurs bornes respectives, à travers deux orifices garnis de bagues isolantes en fibre.

Le *compteur* est constitué par un mouvement d'horlogerie muni d'un échappement à balancier G. Une grande aiguille marque, comme dans une montre ordinaire, les heures sur un cadran divisé en dix parties ; une deuxième aiguille, moins longue, indique les dizaines d'heures sur une division concentrique à la première et permet ainsi de contrôler deux cents heures. Enfin, une petite aiguille permet de compter jusqu'à mille heures.

Voici comment fonctionne l'appareil : la touche A de l'interrupteur est munie d'un doigt qui s'appuie sur le bras H lorsque l'interrupteur occupe la position du dessin, le circuit étant ouvert dans ce cas. L'excentrique H′ repousse alors contre le balancier G la pièce à ressort I qui accroche une goupille d'arrêt fixée au balancier et immobilise celui-ci dans une position tendue du spiral. Lorsqu'on veut fermer le circuit, il faut amener la touche A en contact avec la lame F (en faisant tourner de 90° la clé de l'interrupteur) ; le bras H, devenu libre, suit une partie de ce mouvement sous la pression du ressort K et, dégageant la goupille d'arrêt du balancier, laisse marcher le compteur.

On peut inscrire sur la clé de l'interrupteur le nombre et le calibre des lampes contrôlées par le compteur. L'interrupteur est ordinairement construit pour une intensité de dix ampères.

Compteur Villon (fig. 4). — Cet appareil, qui est une transformation et un perfectionnement de l'ancien compteur horaire de M. Soulat, n'a que sept centimètres de diamètre et marche cinq cents heures sans être remonté. L'échappement du mécanisme d'horlogerie est à cylindre; le mouvement peut fonctionner dans toutes les positions. Les descriptions que nous avons données des

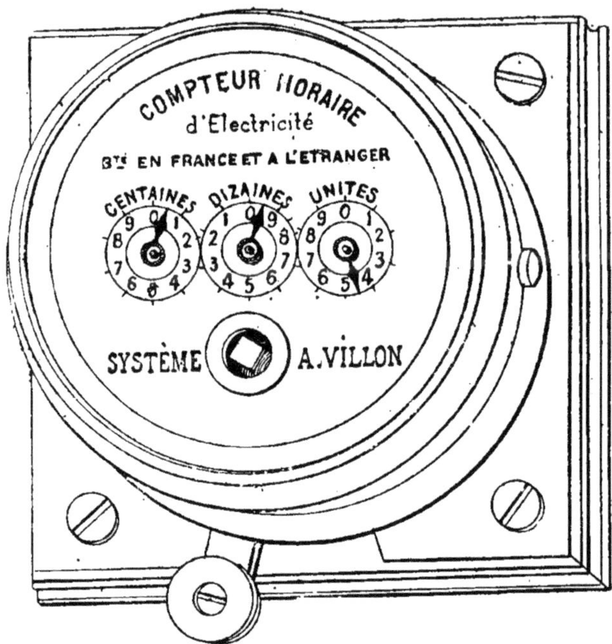

Fig. 4. — Compteur Villon.

deux précédents compteurs nous dispensent d'expliquer en détail le fonctionnement de celui-ci, le principe restant toujours le même. L'interrupteur, dont on voit la poignée au dessous du cadran, maintient, lorsque le courant est interrompu, un petit levier contre la goupille d'arrêt du balancier, qui se trouve ainsi immobilisé dans sa position de départ. Dès qu'on ferme le circuit, en poussant la manette de gauche à droite, le balancier est rendu libre et le mouvement d'horlogerie fonctionne tant que le courant passe.

La boîte, en cuivre nickelé poli, est fixée sur un socle en bois verni ou en ivoirine. Une glace à biseau protège le cadran, qui est en cuivre nickelé mat.

Les dimensions très réduites de cet appareil, ainsi que le fini de sa construction et l'élégance de son aspect extérieur (notre dessin n'en donne qu'une idée très imparfaite), permettent de le placer dans n'importe quel appartement et de le substituer à l'interrupteur ordinaire. Ajoutons que son prix est réellement modique, puisqu'il reste inférieur d'environ cinquante pour cent à celui des autres compteurs horaires.

Le même instrument est construit aussi avec un déclenchement électrique obtenu à l'aide d'un électro-aimant logé dans le socle, à la place de l'interrupteur.

Le **Compteur Frager** a un mouvement d'horlogerie actionné électriquement. Son mécanisme est représenté en élévation fig. 5 et en plan fig. 6. Sur ces deux dessins les mêmes lettres désignent les mêmes organes. Le pendule est formé d'un anneau *j l h* dont une partie, en fer doux, passe à l'intérieur du solénoïde *a* composé d'un fil fin branché en dérivation entre les bornes 1 et 2. L'anneau est monté sur un axe vertical *m* et ses oscillations, réglées par le ressort spiral *s*, actionnent la minuterie totalisatrice *u* par l'intermédiaire d'un cliquet excentré V et d'un rochet X.

Le mouvement oscillatoire est produit de la façon suivante : lorsque le pendule est à l'arrêt, la dent *p* de l'interrupteur est engagée dans l'encoche de la douille distributrice *e* folle sur le palier supérieur de l'arbre du balancier ; la lame élastique *c* est alors en contact avec la pointe *d* et le circuit de la bobine *a* est fermé. Dès que le courant passe, la pièce en fer doux *j* du balancier est attirée dans l'âme de la bobine et la goupille *t*, écartant

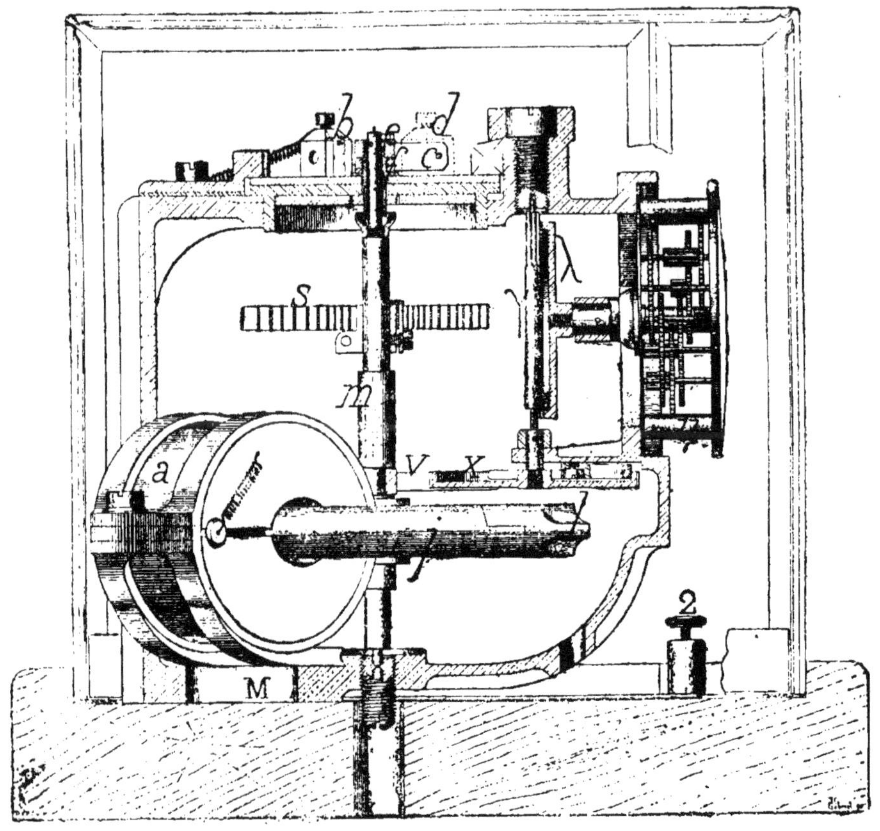

Fig. 5. — Compteur horaire Frager (élévation).

la lame *c*, interrompt le passage du courant. Le pendule obéit alors à l'action du ressort spiral *s* et la douille distributrice, ramenée en arrière, laisse retomber dans son encoche la dent de l'interrupteur juste au moment où la pièce en fer doux *h* se présente à l'entrée de la bobine. Ce fer, attiré à son tour, communique une nouvelle force au balancier, qui reçoit ainsi une impulsion à chaque oscillation simple.

Ces impulsions répétées développeraient outre mesure l'amplitude de l'oscillation sans l'intervention de la douille régulatrice *f*. Cette dernière, montée folle

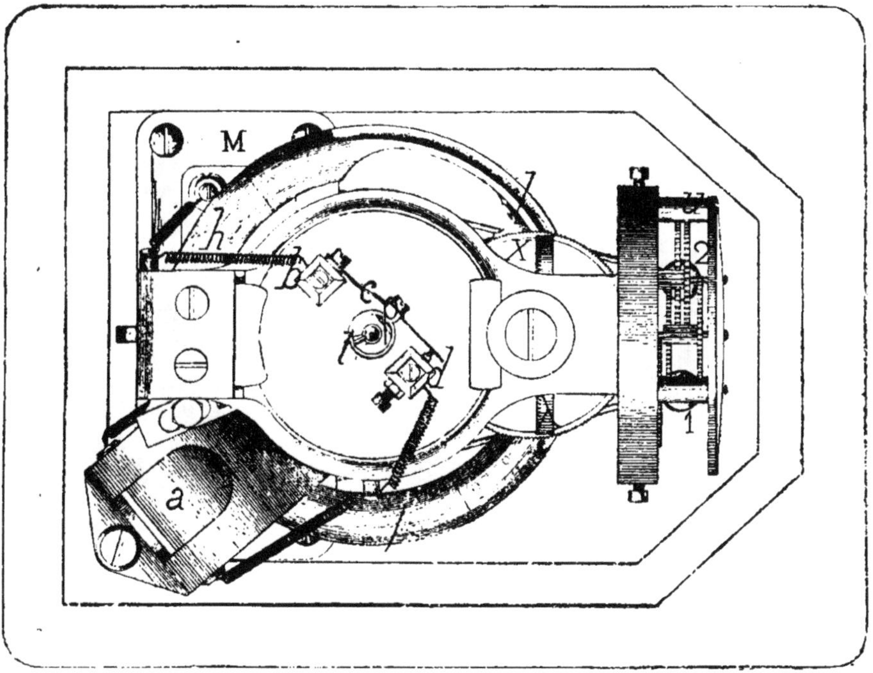

Fig. 6. — Compteur horaire Frager (plan).

sur le palier supérieur de l'arbre (au-dessous de la douille distributrice), lui emprunte son mouvement à l'aide d'un butoir mobile dans une mortaise ; elle est pourvue, comme la douille distributrice *c*, d'une encoche dans laquelle s'engage la dent *p* de l'interrupteur. Quand son oscillation dépasse une certaine limite, le bord de son encoche vient se placer sous la dent *p* qui, au retour du balancier, ne peut retomber dans l'encoche de la douille distributrice. Les impulsions se trouvent ainsi suspendues tant que l'amplitude d'oscillation dépasse la limite fixée.

Lorsque le courant est interrompu, les oscillations de la douille distributrice et du balancier vont en décroissant, puis cessent. Chaque pièce s'arrête dans une position à peu près symétrique par rapport à la position d'arrêt du balancier; la dent de l'interrupteur tombe

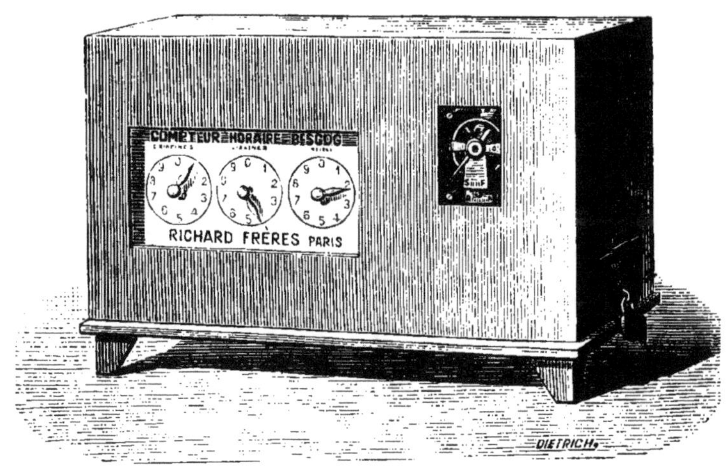

Fig. 7. — Compteur Richard.

vers le milieu des encoches, le contact est établi en *d* et le pendule est prêt à repartir.

Cet appareil est robuste, supprime les remontages périodiques et peut être employé avec toute espèce de courants.

La quantité d'électricité dépensée pour l'entretien du mouvement est insignifiante. La résistance de la bobine étant de mille ohms environ, le débit dans sa dérivation est très réduit; de plus, le contact ne se produit qu'une fois toutes les deux secondes et n'est maintenu que pendant un sixième de tour, lorsque le balancier est dans sa position moyenne, c'est-à-dire au moment de la vitesse maxima, soit pendant un dixième à peine du temps total.

Le **Compteur horaire Richard** (fig. 7), agréé par la Ville de Paris, se compose essentiellement d'un mouvement d'horlogerie remonté automatiquement toutes les vingt secondes. Dès que le courant est lancé dans le circuit de consommation ou que la machine est mise en marche, il agit sur un électro-aimant monté en dérivation; en attirant son armature, celui-ci arme un ressort à boudin servant de moteur à la pendule et aussitôt le courant est interrompu pour être refermé automatiquement au bout de vingt secondes; la même série de phénomènes se reproduit jusqu'à ce qu'on interrompe le courant. La durée de fonctionnement est totalisée par trois aiguilles se déplaçant sur trois cadrans qui permettent de totaliser jusqu'à mille heures.

CHAPITRE III

LES COMPTEURS D'INTENSITÉ

Il existe plusieurs moyens de mesurer la quantité d'électricité consommée pendant un certain temps. On peut, tout d'abord, avoir recours à l'électrochimie, soit pour effectuer un dépôt métallique dont le poids sera proportionnel au nombre de coulombs dépensés, soit pour obtenir, par la décomposition de l'eau, un volume de gaz en rapport avec la consommation. On a aussi la possibilité d'utiliser l'action mécanique résultant de phénomènes électro-magnétiques ou électro-dynamiques. Parmi les compteurs basés sur ce principe, les uns sont de véritables moteurs électriques dont la vitesse de rotation augmente avec l'intensité du courant, de telle sorte que la simple totalisation du nombre de tours effectués au bout d'un certain temps donne, directement ou à un facteur constant près, la somme d'énergie électrique consommée pendant ce laps de temps. D'autres appareils se composent d'un organe électrique et d'un mouvement d'horlogerie, l'intégration $\int I\, dt$ résultant alors du fonctionnement combiné de l'organe électrique et de l'horloge ou *heures-mètre*. Ici une subdivision s'impose : certains de ces compteurs à heures-mètre effectuent sans interruption et d'une façon continue la combinaison des éléments I et dt, tenant compte ainsi de toutes les variations possibles de l'intensité, quelque courtes qu'elles puissent être. Les autres, au contraire, n'enregistrent que d'une façon intermittente et à des intervalles déterminés les indications d'un ampèremètre. Dans ce dernier cas, les variations qui peuvent se produire entre deux intervales de fonctionnement ne sont pas enregistrées ; mais, en pratique, cet inconvénient n'a pas grande importance, les erreurs en plus ou en moins qui pourraient en résulter se compensant suffisamment au bout d'un certain temps.

Nous verrons enfin que l'on a songé à appliquer les effets thermiques des courants.

En résumé, les appareils intégrant le produit $\int I\,d\,t$, comprennent :

Les compteurs *chimiques* ou *électrolytiques ;*

Les compteurs mécaniques à fonctionnement purement électrique. ou *compteurs-moteurs ;*

Les compteurs à *heures-mètre* (intégration continue ou discontinue) ;

Et les compteurs *thermiques* ou *calorique*s)

Section 1. — Compteurs chimiques

Compteur Édison. — Bien que cet appareil soit abandonné aujourd'hui, nous en donnerons cependant une description succincte, en raison de sa simplicité et aussi parce que c'est le premier compteur d'électricité qui ait reçu pendant quelque temps une application pratique assez étendue.

Le courant à mesurer est amené dans un voltamètre composé d'un flacon hermétiquement bouché et rempli d'une solution de sulfate de zinc de densité 1,286 dans laquelle plongent trois plaques de zinc amalgamé. La plaque du milieu est l'anode; les deux autres, reliées par une entretoise, constituent la cathode. Sachant qu'un coulomb électrolyse 0,337 milligr. de zinc, la quantité d'électricité consommée est donnée, soit par l'augmentation du poids des plaques négatives, soit par la diminution du poids de l'électrode positive. Cette dernière méthode est la plus fréquemment adoptée.

En réalité le courant de l'installation ne passe pas tout entier dans l'appareil. Pour éviter un dépôt trop abondant et diminuer l'usure des anodes, on *shunte* convenablement le voltamètre de façon à n'utiliser qu'une fraction connue du débit total, la centième ou la millième partie, selon l'importance de l'installation. L'inconvénient de cette disposition est que la moindre erreur dans les pesées se multiplie par cent ou par mille.

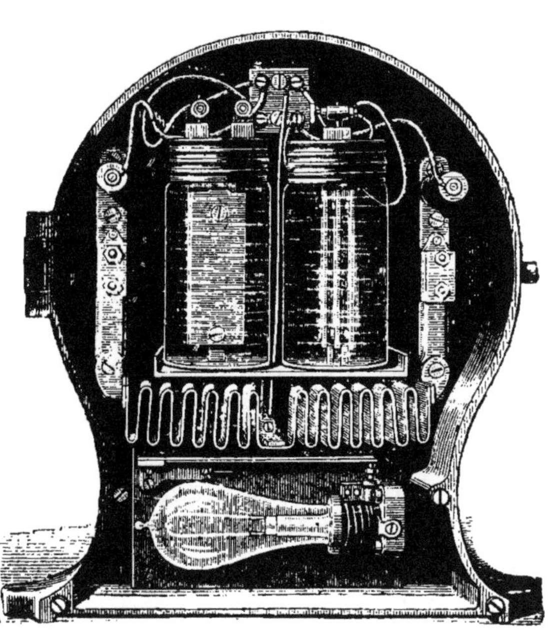

Fig. 8. — Compteur Edison.

Pour plus de sûreté, l'appareil comprend deux voltamètres identiques (fig. 8). L'anode de l'un des flacons est pesée tous les mois; l'autre n'est vérifiée qu'une fois l'an et sert à contrôler l'exactitude des pesées mensuelles.

Chaque fois que l'on retire les électrodes pour les peser, il est indispensable de les rincer avec soin, puis de les sécher à l'étuve. Avant de les replacer dans le flacon, il faut renouveler le liquide. Ces manipulations successives compliquent singulièrement l'opération des relevés de consommation, sans assurer pourtant une bien grande précision dans l'évaluation de la dépense, car, ainsi que nous l'avons déjà dit, les erreurs toujours possibles qui peuvent se produire dans les pesées sont nécessairement multipliées par un coefficient assez élevé. De plus, cette méthode laisse l'abonné dans l'impossibilité de vérifier l'exactitude des opérations établissant sa consommation et l'oblige à s'en rapporter aveuglément aux résultats qui lui sont indiqués.

Dans le but de maintenir toujours l'électrolyte à l'état liquide, même par les plus basses températures, une lame formée de la superposition de deux métaux inégalement dilatables (zinc et cuivre) se recourbe sous l'influence du froid et vient buter contre une pièce métallique. Ce contact ferme le circuit d'une lampe à incandescence disposée au dessous des bocaux et la faible chaleur ainsi dégagée suffit pour empêcher la congélation du liquide. Une fois la température redevenue normale, la lame reprend sa forme primitive et la lampe s'éteint.

Afin de supprimer les pesées et les inconvénients nombreux qui en résultaient, Édison avait imaginé un autre appareil totalisant automatiquement la consommation. Deux électrodes de polarités contraires étaient suspendues aux extrémités d'un fléau de balance. Le passage du courant diminuait le poids de l'anode et augmentait celui de la cathode. Lorsque la différence de poids avait atteint une valeur déterminée, le fléau s'inclinait et, dans ce mouvement, venait établir un contact électrique qui mettait en action un commutateurinverseur. Le sens du courant étant alors changé dans les voltamètres, le dépôt électrolytique s'effectuait dans le sens opposé, peu à peu le fléau s'inclinait de l'autre côté et ainsi de suite. Les mouvements du fléau étaient transmis à une série de cadrans.

Compteur Desruelles. — Il est basé sur le même principe que le précédent, mais ici une seule des électrodes est mobile et le voltamètre, intercalé dans le circuit principal, reçoit la totalité du courant à mesurer. Une dérivation, prise à l'entrée de l'installation, actionne le mécanisme inverseur. La fig. 9 en donne une vue d'ensemble.

La cuve électrolytique, placée dans la partie inférieure, est un réservoir en verre contenant une solution aqueuse de sous-sulfate de zinc additionnée en proportions convenables de matières organiques dont le but est de rendre plus adhérent le dépôt métallique. Audessus de ce liquide est étendue une couche de pétrole dense ayant pour effet d'empècher l'évaporation de l'électrolyte, ainsi que l'oxydation de la partie des électrodes qui émerge. Pour diminuer la résistance et rendre le dépòt plus régulier en le répartissant sur une plus grande surface, chacune des deux électrodes est constituée par une série de lames de zinc chimiquement pur reliées entre elles à leur sommet par des entretoises de même métal. Ces électrodes sont disposées de telle sorte que les lames de l'une passent entre les lames de l'autre, séparant en deux parties égales les espaces que ces dernières laissent entre elles.

L'une des électrodes est fixée sous le couvercle qui ferme le réservoir. L'autre est suspendue à l'extrémité d'un fléau et peut se mouvoir dans le sens vertical.

Le courant est amené aux électrodes par les lames élastiques d'un commutateur que l'on voit dans la partie supérieure de notre dessin. Deux solénoïdes à fil fin branchés en dérivation (un seul est visible sur la figure,

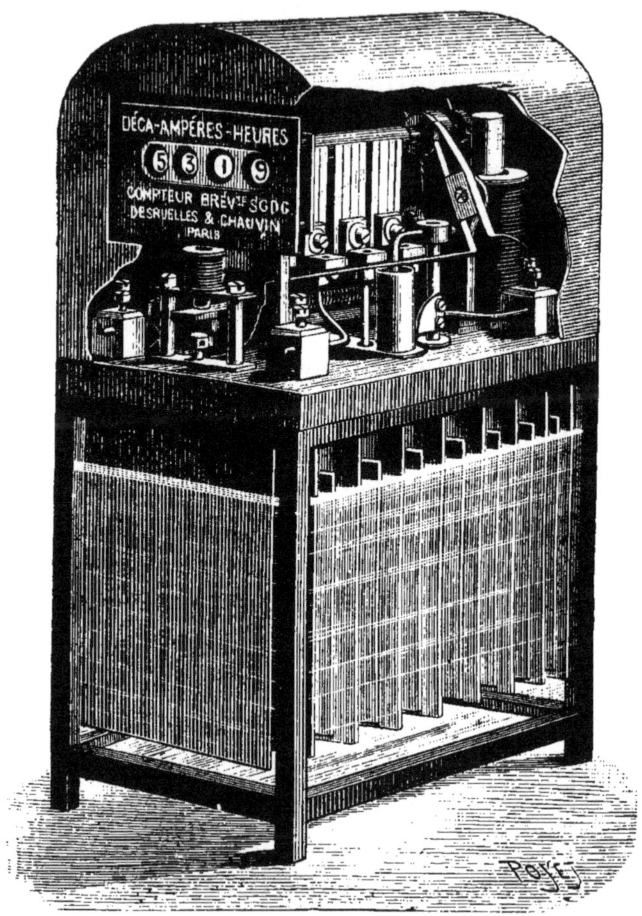

Fig. 9. — Compteur Desruelles.

dans le fond de la boîte surmontant le voltamètre) commandent l'axe du commutateur, de façon à conduire le courant dans le sens voulu sur les plaques de zinc.

L'électrode mobile étant supposée négative, augmente

progressivement de poids, par suite du dépôt électrolytique qu'elle reçoit, et descend peu à peu, entraînant avec elle le fléau auquel elle est suspendue. Lorsque ce dernier est arrivé au bas de sa course, il vient buter contre une pièce métallique et ferme ainsi le circuit de l'un des solénoïdes. Aussitôt l'attraction du noyau de ce dernier actionne le commutateur et le sens du courant est interverti dans le voltamètre. A partir de ce moment l'électrode mobile, de cathode devient anode, le dépôt électrolytique s'effectue en sens inverse et, le poids de cette électrode diminuant progressivement, le levier qui la supporte se relève peu à peu, sous l'action d'un ressort antagoniste, jusqu'à ce que, parvenu en haut de sa course, il vienne fermer le circuit du deuxième solénoïde, qui produit à son tour l'inversion du courant par l'intermédiaire du commutateur.

Chaque fois que le sens du courant est changé, l'axe du commutateur agit sur une roue à rochet commandant les cadrans totalisateurs et fait avancer ces derniers d'une unité. Le fléau est réglé pour que chaque inversion corresponde à 10 ampères-heures.

Compteur Grassot. — Le principe en est représenté schématiquement fig. 10.

Un fil d'argent *f*, exactement calibré et dont l'extrémité inférieure a été taillée en forme de cône, est placé dans une position verticale et repose sur une plaque de verre *a* noyée dans une solution de nitrate d'argent. Un poids *p*, guidé dans un tube de verre, appuie sur le fil et le sollicite à descendre. Le courant, amené au fil d'argent par un ressort S, traverse le liquide et sort par une électrode en argent *c*. Dans ces conditions, le fil s'use par sa pointe inférieure d'une quantité proportionnelle au débit. Un galet G, appuyé contre le fil et entraîné par son mouvement de descente, commande une aiguille *i*, se déplaçant devant un cadran *c a* gradué en ampères-heures.

Pratiquement, on ne fait traverser le fil d'argent que par une fraction déterminée du courant. Pour cela,

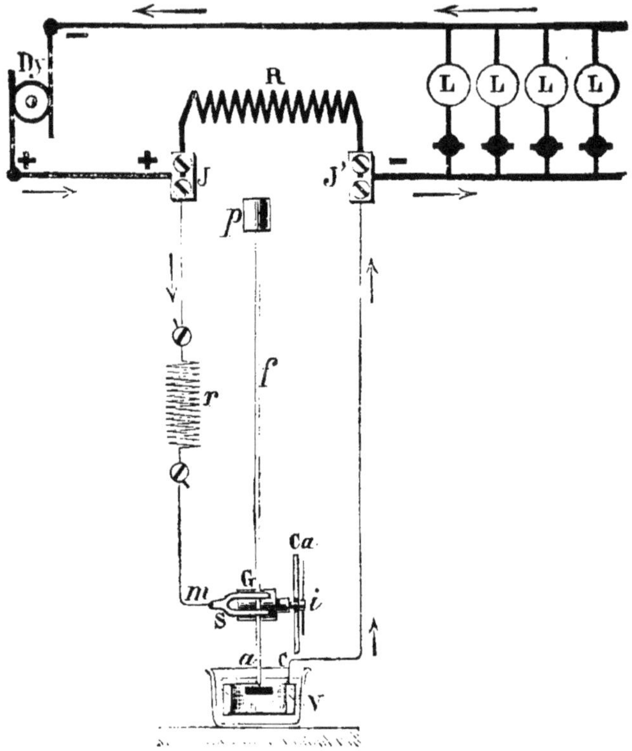

Fig. 10. — Compteur Grassot.

entre les bornes J et J' de l'appareil, on dispose une faible résistance R et, en dérivation sur cette résistance, on place le compteur proprement dit avec une grande résistance additionnelle *r*. La résistance de la cuve électrolytique étant très faible, on peut dire que le courant se partage entre les deux circuits dans le rapport inverse des résistances R et r; la graduation du cadran est établie en conséquence. On évite ainsi une usure trop rapide du fil d'argent, dont le remplacement, lorsqu'il est usé, ne donne d'ailleurs lieu qu'à une dépense insignifiante (0 fr. 25).

L'ensemble que nous venons de décrire est disposé à l'intérieur d'une boîte qui met tous les organes hors la portée de la main. Des ressorts flottants, vissés dans la boite, établissent les contacts avec le compteur, de sorte que l'on peut enlever celui-ci avec la plus grande facilité et même le remplacer par un autre, sans avoir rien à démonter.

Au point de vue de son fonctionnement, le compteur Grassot présente la particularité suivante :

Ses indications, dans le cas de petites intensités, ne sont pas, en quelque sorte, instantanées. Il arrive, en effet, qu'avec un faible débit l'aiguille reste un certain temps, plusieurs heures même, sans avancer. Le compteur fonctionne cependant et le non fonctionnement apparent tient à ce que la pointe inférieure du fil d'argent prend une forme différente pour chaque intensité du courant. Le fil s'use bien et ce qui le prouve, c'est que si à une période de faible débit on fait succéder une période de grande intensité, on s'aperçoit que le compteur rattrape dans cette seconde période ce qu'il avait perdu dans la période précédente.

Pour faire l'essai de cette appareil, il est recommandé de procéder de la façon suivante : faire passer pendant des temps déterminés des courants d'intensités différentes; additionner les ampères-heures ainsi dépensés et vérifier, au bout d'un certain temps, lorsque le compteur aura enregistré par exemple 200 ou 300 ampères-heures, s'il indique bien ce qu'il doit indiquer.

Chaque compteur est réglé de manière à être rigoureusement exact pour la pleine charge. Lorsque l'intensité du courant est inférieure à cette charge maxima, le compteur indique un peu moins que la réalité. L'erreur va en augmentant à mesure que l'intensité diminue.

Le compteur Grassot ne peut guère supporter des charges supérieures à 5 ou 6 ampères. Il est donc spécialement destiné aux petites installations. Le prix de cet appareil est d'ailleurs très réduit, comparativement à celui des autres compteurs de quantité. Les organes en sont robustes et simples. Le démarrage est assuré pour les plus faibles intensités, avec une certaine erreur cependant. ainsi que nous l'avons dit. La dépense est nulle à circuit ouvert et l'absence d'étincelles est absolue. Mais l'utilisation d'une fraction seulement du courant total présente les inconvénients que nous avons déjà signalés à propos du premier compteur d'Édison. En outre, rien ne peut empêcher la congélation de l'électrolyte par les grands froids et des erreurs peuvent en résulter.

Les compteurs chimiques que nous venons de décrire ont tous pour principe le transport d'un métal de l'anode à la cathode. Il nous reste à examiner ceux qui utilisent la décomposition de l'eau.

Édison avait imaginé un voltamètre dans lequel l'oxygène et l'hydrogène provenant de la décomposition de l'eau par le courant s'accumulaient sous la cloche d'un eudiomètre. Lorsque la quantité de gaz ainsi recueillie atteignait une certaine valeur, la cloche se soulevait et venait établir un contact électrique qui faisait jaillir une étincelle à l'intérieur de l'eudiomètre. Les gaz se recombinaient aussitôt pour reformer de l'eau et la cloche retombait. Les mouvements de cette dernière étaient totalisés sur un cadran.

MM. **Emmott et Ackroyd** amenaient par un tube recourbé les gaz produits au-dessous d'une roue à augets à moitié noyée dans l'eau et leur appareil fonctionnait de la même façon que les compteurs à gaz.

Dans le **Compteur Waterhouse** (fig. 11), les gaz provenant de la décomposition de l'eau contenue dans le voltamètre V sont recueillis sous une cloche C munie d'un siphon renversé S et suspendue à un levier A. Cette cloche est entièrement immergée dans l'électrolyte (eau acidulée à 12 pour cent). *e e* sont les électrodes en platine.

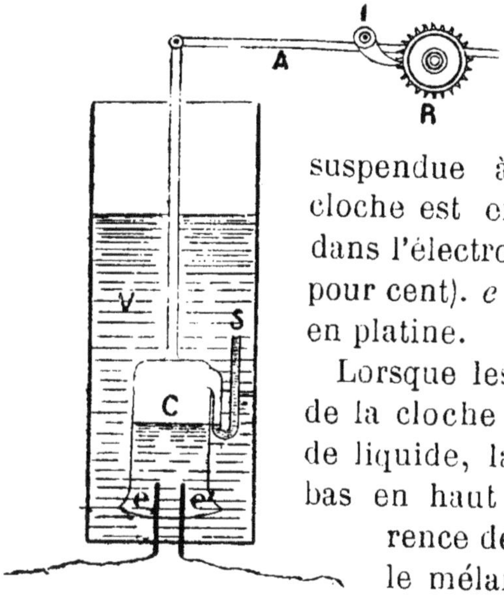

Fig. 11.
Compteur Waterhouse.

Lorsque les gaz dégagés chassent de la cloche une certaine quantité de liquide, la poussée verticale de bas en haut résultant de la différence de densité entre l'eau et le mélange gazeux soulève la cloche et, avec elle, le levier A. Dès que le niveau du liquide atteint la partie inférieure du siphon, celui-ci s'amorce, les gaz s'échappent et la cloche, à nouveau remplie d'eau, redescend.

Ces mouvements successifs sont transmis par un cliquet I à une roue R à rochet qui commande les aiguilles du totalisateur.

Pour diminuer la perte de tension résultant du passage du courant à travers le liquide, le *Waterhouse Electrometric Syndicate*, de Londres, réunit deux voltamètres identiques et les dispose de la façon indiquée par le schéma ci-joint.

Les anodes des deux voltamètres V V′ sont réunies au pôle + à travers une résistance r de 1,200 ohms. Entre les deux cathodes est une autre résistance R intercalée dans le circuit principal et assez faible pour n'absorber que 0,5 volt.

Les mouvements de chacun des siphons commandent une des roues d'un totalisateur différentiel semblable à celui du compteur Aron, décrit dans la section II de ce chapitre.

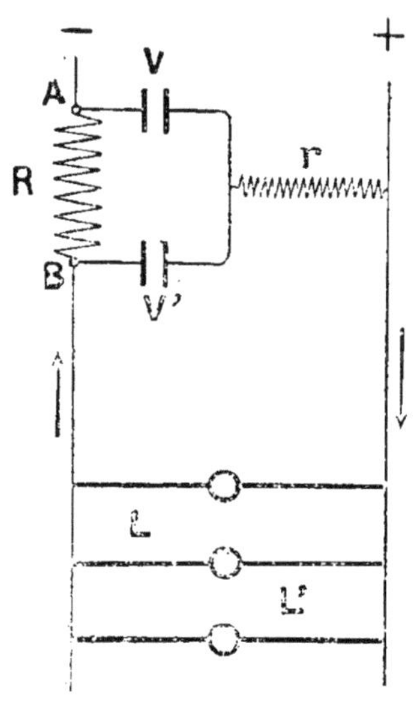

Fig. 12. — Schéma du Compteur Waterhouse (branchement).

Tant que rien ne fonctionne dans l'installation, les points A et B entre lesquels est disposée la résistance R sont au même potentiel et le débit est le même dans les deux voltamètres; les deux cloches se vident et se remplissent avec la même vitesse et le totalisateur différentiel reste immobile.

Si, au contraire, on fait fonctionner une ou plusieurs des lampes L L′, il se produit entre A et B une différence de potentiel proportionnelle à la résistance R et à l'intensité du courant. Il en résulte que le débit dans le voltamètre V est supérieur à celui du voltamètre V′ et cette différence, proportionnée à l'énergie consommée, est enregistrée par le totalisateur.

L'inconvénient de cette disposition est de consommer une certaine quantité de courant même à circuit ouvert, lorsque rien ne fonctionne chez l'abonné.

Les compteurs électrolytiques ne sauraient évidemment être appliqués aux courants alternatifs; leur emploi est limité aux courants continus et aux installations à deux fils. Tout montage à trois ou à cinq fils exigerait l'achat de deux ou de trois compteurs. A ces inconvénients s'ajoutent ceux résultant des actions secondaires, bien difficiles à éviter dans tout phénomène électro-chimique, et les perturbations causées par les variations de la température ambiante. C'est pourquoi l'application des compteurs basés sur l'électrolyse devient de plus en plus restreinte.

Section 2. — Compteurs mécaniques.

I. — Compteurs-Moteurs.

Compteur Ferranti — Autour d'une cuve en fonte pleine de mercure est enroulé un conducteur parcouru par le courant à mesurer. Le même circuit traverse, en outre, la masse de mercure, du centre du récipient à sa circonférence. L'action réciproque de ces deux portions du circuit produit la rotation de la masse de mercure. Dans cette dernière plongent des palettes calées sur un arbre vertical engrenant avec une série de cadrans et participant ainsi au mouvement rotatoire.

Les essais auxquels ce moteur a été soumis ont démontré que la proportionnalité entre la vitesse de rotation et l'intensité du courant n'était pas suffisamment assurée.

Le **Compteur Lippmann** est basé sur le même principe que l'ampèremètre de cet inventeur. Entre les pôles rapprochés d'un aimant est une chambre rectangulaire remplie de mercure communiquant, d'une part, avec un réservoir à mercure et, d'autre part, avec un tube vertical recourbé. Le courant à mesurer traverse la veine liquide perpendiculairement à la direction des pôles magnétiques et le sens de ce courant est tel que l'action de l'aimant fait monter le mercure dans le tube. Une fois parvenu au sommet de ce tube, le mercure coule dans un basculateur à augets, puis retombe dans le réservoir.

La quantité de mercure ainsi entraînée est à peu près proportionnelle à l'intensité du courant.

Les mouvements du basculateur sont transmis à un cadran.

Compteur Siemens — C'est un moteur électro-magnétique Gramme. Le courant arrive par deux balais au collecteur de l'induit disposé entre les deux pôles d'un aimant permanent. Sur le même axe que l'induit est un cylindre en cuivre dont le but est de réduire la vitesse et de la maintenir proportionnelle à l'intensité du courant. A cet effet le cylindre tourne à proximité de l'aimant, et les courants de Foucault qui s'y développent tendent à s'opposer au mouvement de rotation, en raison directe du carré de la vitesse.

Édison avait également proposé un compteur-moteur analogue à celui que nous venons de décrire, mais, pas plus que les trois précédents, cet appareil n'a pu se répandre dans la pratique.

Le **Compteur Vernon-Boys** est fondé sur un principe tout différent. Il consiste en un mouvement d'horlogerie entretenu électriquement à l'aide d'une dérivation du courant. La vitesse de ce mouvement est réglée par un pendule circulaire entièrement soustrait à l'action de la pesanteur terrestre. Ce pendule, semblable à celui du compteur Frager, est un anneau divisé en quatre parties, alternativement en cuivre et en fer doux. Les deux pièces de fer doux forment les noyaux mobiles de deux solénoïdes à gros fil intercalés dans le circuit de l'installation. Dans ces conditions, l'attraction électro-magnétique fait osciller le pendule d'autant plus vite que le courant est plus intense.

La proportionnalité entre la vitesse et l'intensité n'est pourtant pas des plus satisfaisantes. Il arrive, en outre, qu'en cas de brusque augmentation du débit survenant au moment précis où le pendule se trouve au milieu de sa course, un arrêt immédiat se produit et c'est pourquoi il n'a pas été possible d'employer ce système ingénieux et simple.

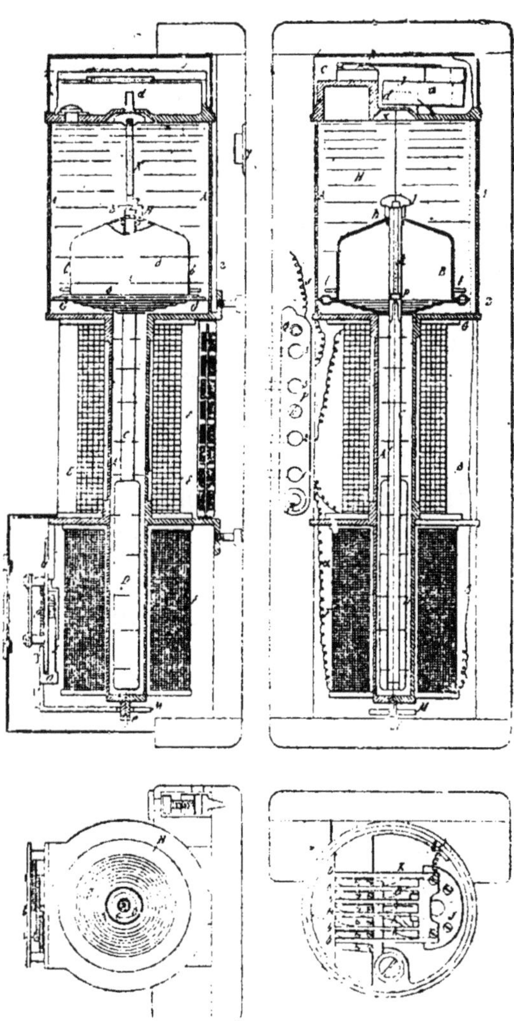

Fig. 13. Compteur Brocq Fig. 14.

Compteur Brocq. — Un récipient cylindrique A A (fig. 13 et 14) présentant deux diamètres différents, étroit dans le bas et plus large en sa partie supérieure, est rempli de liquide. A l'intérieur peut se déplacer dans le sens vertical un flotteur B dont l'axe est constitué par un tube C supportant une masse de fer doux D. Autour du cylindre inférieur sont superposés deux enroulements, l'un E en série et composé de gros fil, l'autre F en fil fin branché en dérivation. L'action de ce dernier est prépondérante, mais ne se produit que par intermittences, lorsque le flotteur, parvenu à la limite supérieure de sa course par l'effet d'attraction du solénoïde E, doit redescendre.

Voici comment est mesurée l'énergie consommée. Au repos, le flotteur est au bas de sa course. Dès que le circuit d'utilisation est fermé, l'action de l'enroulement E fait monter le flotteur. La force ainsi développée est proportionnelle au carré de l'intensité du courant, mais comme la résistance opposée par le liquide au mouvement ascensionnel du flotteur est elle-même en raison directe du carré de la vitesse, cette dernière reste pratiquement proportionnelle à l'intensité.

Le flotteur est surmonté d'un champignon en fer doux I fixé sur une tige *k* qui peut se déplacer à l'intérieur du tube C, mais sans en sortir, grâce à un arrêt *p*.

Lorsque le système mobile parvient au sommet de sa course, la tête I vient adhérer contre un aimant J puis, continuant son mouvement ascensionnel, fait basculer ce dernier autour de l'axe *a* et produit ainsi entre *b* et *c* un contact qui ferme le circuit du solénoïde en dérivation F. L'attraction, de haut en bas, produite par cet enroulement sur la masse D étant supérieure, comme nous l'avons dit, à l'action exercé par la bobine en série, le flotteur redescend brusquement. Ce mouvement est facilité par la suppression de la résistance du liquide qui passe librement autour du flotteur en soulevant la soupape *l*.

Pendant que le flotteur descend, la pièce I reste adhérente à l'aimant qui conserve ainsi la même position jusqu'au moment où, le système mobile étant sur le point d'atteindre sa butée inférieure, la bague *p* rencontre l'extrémité rétrécie du tube C qui force aussitôt la tige *k*, et avec elle la tête I, à participer au mouvement de descente. Le champignon fait alors basculer l'aimant (auquel il adhère encore) de haut en bas — supprimant ainsi le contact *b c* — puis s'en détache et retombe brusquement jusqu'en *h*, par l'effet de son propre poids.

Le solénoïde en dérivation cesse alors d'agir et la masse D, uniquement actionnée par l'enroulement en série, remonte comme précédemment, et ainsi de suite.

Ces mouvements alternatifs de bas en haut et *vice versa* sont transmis, par l'intermédiaire d'un cliquet et d'une roue à rochet, à une série de cadrans indiquant, directement ou à un facteur constant près, la somme des ampères-heures consommés.

Les compteurs qui précèdent s'appliquent aux courants continus. Ceux qui sont spécialement destinés aux courants alternatifs constituent de véritables *moteurs à champ tournant*. Nous rappellerons brièvement le principe de leur fonctionnement, établi par Galileo Ferraris.

Lorsque deux courants alternatifs de même période, mais décalés l'un par rapport à l'autre d'un quart de période, parcourent deux circuits disposés à angle droit l'un de l'autre, la résultante des deux champs magnétiques ainsi produits est un champ magnétique tournant, de vitesse angulaire uniforme et faisant un tour complet pendant la durée d'une période. Si l'on place une masse métallique dans ce champ, les courants induits qui y prendront naissance tendront à la faire tourner dans le même sens que le champ magnétique.

Les compteurs Borel et Schallenberger sont tous les deux basés sur ce principe.

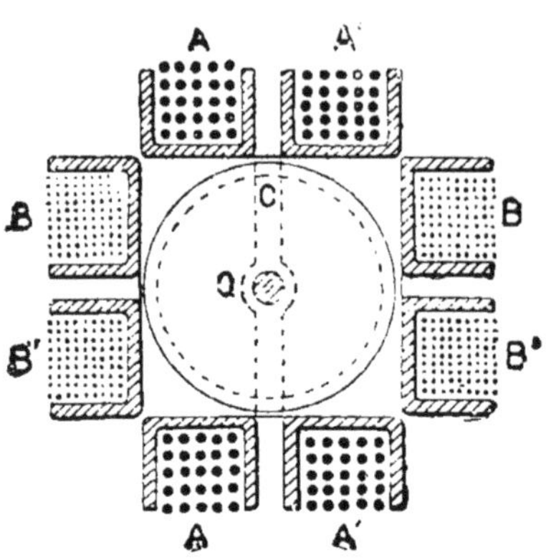

Fig. 15. — Schéma.

Compteur Borel. — La fig. 15 représente le schéma de son fonctionnement.

Un disque de fer O peut tourner à l'intérieur de deux bobines plates B B'. Deux électro-aimants A A' sont disposés de telle sorte que leurs pôles soient perpendiculaires aux pôles des solénoïdes B B'. Le courant alternatif à mesurer traverse les circuits de ces deux groupes de bobines réunis en quantité.

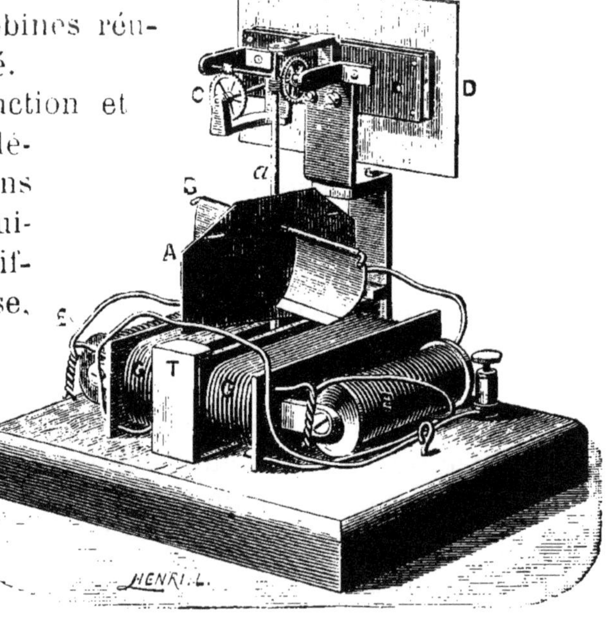

Fig. 16. — Compteur Borel.

Le self-induction et l'hystérésis développées dans les électros équivalant à une différence de phase, le disque se met à tourner.

Le couple ainsi produit est proportionnel à la moyenne des carrés de l'intensité du courant. Mais sur le même axe que le disque est calé un amortisseur à air constitué par des ailettes A B (fig. 16) dont la résistance au mouvement de rotation est proportionnelle au carré de la vitesse, de telle sorte que la totalisation satisfait bien aux conditions de la formule

$$\int \sqrt{(I^2)\ moy.}$$

Dans le **Compteur Schallenberger** le courant ne traverse que deux bobines plates, parallèles entre elles et entourant un anneau de fer doux monté sur un disque en cuivre. Entre ce dernier et les bobines est disposé un double cadre en cuivre faisant avec l'enroulement du circuit un angle que l'on peut faire varier selon le degré de sensibilité désiré. Le passage du courant détermine dans les cadres en cuivre des courants induits de haute intensité (à cause de la très faible résistance de ces conducteurs) et qui sont décalés d'une fraction de période par rapport aux courants qui circulent à l'intérieur des bobines.

Dans le modèle primitif, la vitesse de rotation du disque était amortie par quatre ailettes.

Le compteur Schallenberger a été récemment modifié pour fonctionner avec des courants polyphasés. Le disque mobile, très mince, est disposé entre deux séries de bobines destinées à déterminer le champ tournant. L'amortisseur à ailettes a été remplacé, bien à tort selon nous, par un aimant permanent dont les pôles, rapprochés du disque, y déterminent des courants de Foucault qui réduisent la vitesse et la maintiennent proportionnelle à l'énergie consommée.

Les figures 17 et 18 donnent les schémas du montage dans les cas de distributions diphasées et triphasées.

1. — *Courants diphasés.* — Il y a trois bobines, toutes à axe vertical, dont deux au-dessous du disque et une au-dessus. Cette dernière (A, fig. 17) est en dérivation sur l'un des circuits. Les deux autres, B et C, sont intercalées en série dans l'autre circuit.

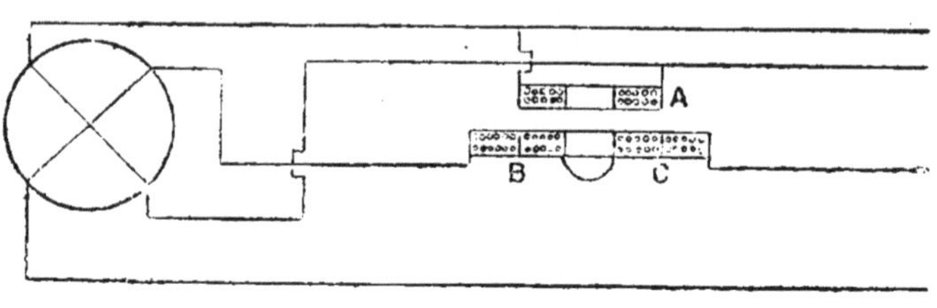

Fig. 17.

La disposition est telle que le couple produit sur le disque est proportionnel au sinus de l'angle de décalage pes phases des deux groupes de bobines et par suite au cosinus du décalage du circuit d'utilisation.

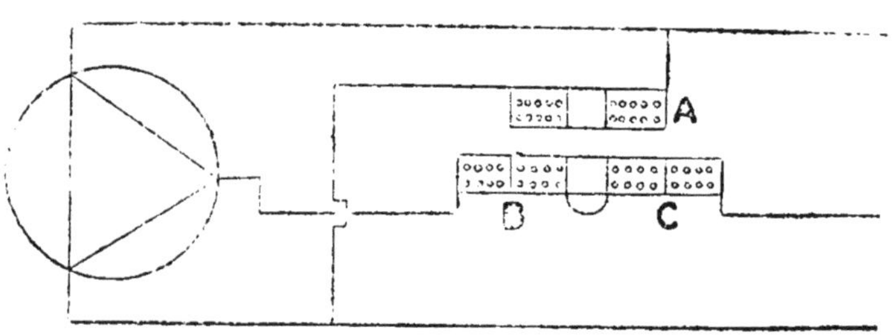

Fig. 18.

2. — *Courants triphasés.* — La bobine fil fin A est en dérivation sur deux fils (fig. 18); les deux autres B et C, sont disposées en série dans l'autre circuit. Nous devons faire observer qu'avec ce montage l'exactitude n'est rigoureusement obtenue que lorsque les branches sont également chargées.

II. Compteurs à heures-mètre

(a) *Intégration continue*

Compteur Aron. — Il se compose essentiellement de deux pendules d'égales longueurs (fig. 19). Le pendule de gauche est terminé par un poids en laiton; celui de droite porte à son extrémité inférieure un barreau d'acier aimanté. Au-dessous de ce barreau est un solénoïde à axe vertical intercalé dans le circuit principal de l'installation.

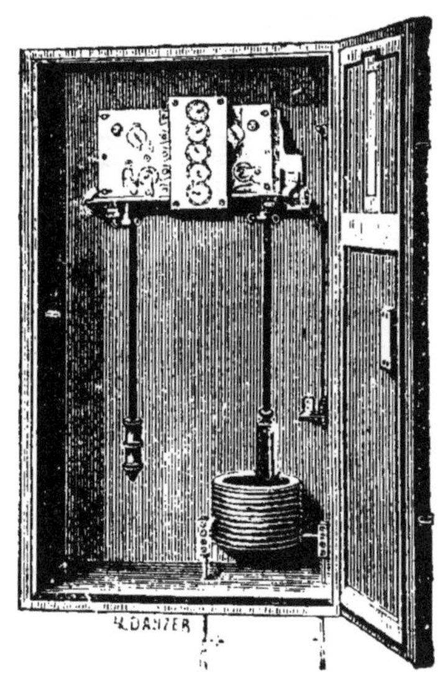

Fig. 19. — Compteur Aron.

Tant que le solénoïde n'est parcouru par aucun courant, les deux pendules, soumis exclusivement à l'action de la pesanteur terrestre, ont leurs oscillations rigoureusement synchrones. Un réglage très simple du pendule de gauche, à l'aide d'un écrou molleté pouvant se déplacer le long de la tige, permet d'assurer ce synchronisme.

Dès qu'un courant traverse le solénoïde, l'attraction produite sur le barreau aimanté s'ajoute à la pesanteur terrestre pour faire osciller plus rapidement le pendule à aimant. On sait, en effet, que la vitesse d'oscillation d'un pendule de longueur déterminée dépend de la force qui l'actionne.

L'augmentation de vitesse résultant de l'attraction électromagnétique peut être considérée, dans certaines limites, comme pratiquement proportionnelle à l'intensité du courant traversant le solénoïde et il suffit d'enregistrer la différence de vitesse des deux pendules pour connaître le débit.

Les fig. 20 et 21 représentent le mécanisme du totalisateur différentiel.

Chacun des deux pendules commande un mouvement d'horlogerie distinct qu'il suffit de remonter une fois par mois. L'un de ces mouvements actionne la roue dentée conique A; l'autre correspond à une roue identique B. Ces deux roues, parallèles entre elles, ont leurs axes

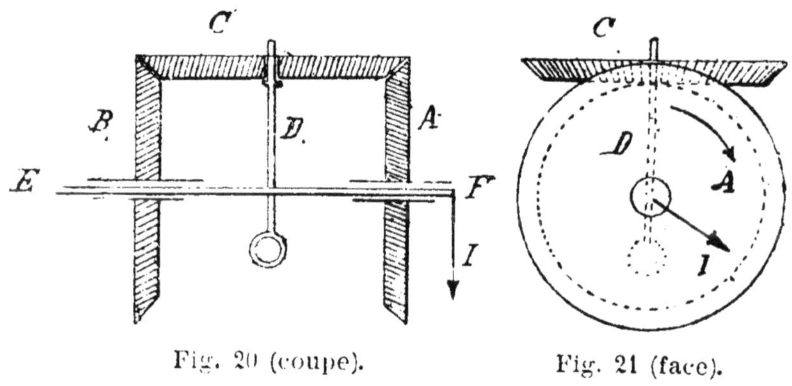

Fig. 20 (coupe). Fig. 21 (face).

Totalisateur différentiel du compteur Aron.

dans le prolongement l'un de l'autre, mais elles tournent en sens inverse. Une troisième roue C, également dentée conique, engrène avec les deux premières. Cette roue est folle sur son axe D, mais celui-ci est solidaire d'un autre axe E F sur lequel il est fixé à angle droit. Cet axe E F, concentrique avec les axes creux des roues A et B, commande la première aiguille I d'un totalisateur ordinaire dont on voit les cinq cadrans superposés dans la fig. 19.

Dans ces conditions, lorsque les roues A et B tournent en sens inverse, avec des vitesses égales, la roue C tourne bien sur son axe D, mais cet axe reste lui-même immobile et sa position dans l'espace ne varie pas. Si, au contraire, la roue A, dont le sens de rotation est indiqué par une flèche, vient à tourner plus vite que l'autre (par suite de l'accélération des oscillations du pendule à aimant), la roue C sera inégalement entraînée de part et d'autre et son axe se déplacera dans le sens de la flèche. Ce déplacement, proportionnel à la différence de vitesse des roues A et B, est communiqué à l'aiguille I.

Les chiffres indiqués par les cadrans donnent directement les ampères-heures, sauf pour les compteurs de grande capacité où la quantité d'électricité consommée est obtenue en multipliant ces chiffres par un facteur numérique inscrit sur l'appareil.

La perte de tension résultant de l'introduction du solénoïde dans un circuit est insignifiante. C'est ainsi que dans un compteur de 100 ampères recevant le courant maximum elle ne dépasse pas 0,04 volt.

Cet appareil est construit aussi pour le montage à trois fils. Dans ce cas le pendule de droite est terminé par un aimant en forme de fer à cheval assez large. Au-dessous de chacun des deux pôles est un solénoïde traversé par l'un des circuits.

Il est indispensable que les oscillations des deux pendules soient synchrones à circuit ouvert. Pour s'assurer de ce synchronisme, il suffit d'observer les deux petits cadrans à secondes disposés l'un à droite et l'autre à gauche du totalisateur. On amène d'abord leurs aiguilles au parallélisme en arrêtant un instant l'un des pendules. Aussitôt ce parallélisme obtenu, on remet le pendule en marche. Si le réglage est exact, les deux aiguilles marcheront bien ensemble et resteront parallèles; dans le cas contraire, on s'apercevra facilement que l'une marche plus rapidement que l'autre. On règlera alors le pendule de gauche en montant ou descendant le long de la tige filetée l'écrou disposé au-dessous du cylindre en laiton, de façon à déplacer le centre de gravité de ce pendule, pour en ralentir ou en accélérer, selon le cas, la vitesse d'oscillation.

Le compteur que nous venons de décrire est, sans doute, un des meilleurs. Il présente toutefois quelques inconvénients qui ne sauraient être dissimulés.

Tout d'abord, le magnétisme de l'aimant est sujet à des variations fréquentes occasionnant des changements de constante qui nécessitent chaque fois un nouvel étalonnage. Il peut même arriver que le totalisateur *démarque*, c'est-à-dire marche à rebours à circuit ouvert. Ce fait a été constaté plusieurs fois.

Cet appareil ne convient, en outre, qu'aux courants continus.

Ces inconvénients n'existent pas avec le Watts-heures-mètre du même constructeur, décrit au chapitre V.

(*b*). — *Intégration discontinue*

Le **Compteur Cauderay** est fondé sur le principe suivant :

L'aiguille d'un ampèremètre se déplace devant un cylindre dont l'axe reçoit d'un mouvement d'horlogerie une vitesse uniforme. La surface cylindrique porte un certain nombre de dents ou chevilles disposées comme celles des cylindres à musique et réparties de la façon suivante : supposons le cylindre divisé en plusieurs tranches correspondant à la graduation de l'ampèremètre. Lorsque l'aiguille de ce dernier est à zéro, elle se trouve en face d'une tranche complètement dépourvue de dents. Lorsqu'elle marque un ampère, elle est en regard d'une tranche sur le pourtour de laquelle il n'y a qu'une seule dent. La tranche correspondant à deux ampères est garnie de deux dents; celle qui correspond à trois ampères en porte trois, et ainsi de suite.

Or, chaque fois que l'aiguille rencontre une dent, un mécanisme très simple fait avancer d'un cran la première roue d'un totalisateur. De la sorte, si nous supposons le cylindre faisant un tour par seconde, l'aiguille du totalisateur progressera d'une unité par seconde lorsque l'intensité sera de un ampère, de deux unités avec deux ampères, etc., et les chiffres indiqués par le cadran représenteront les coulombs consommés.

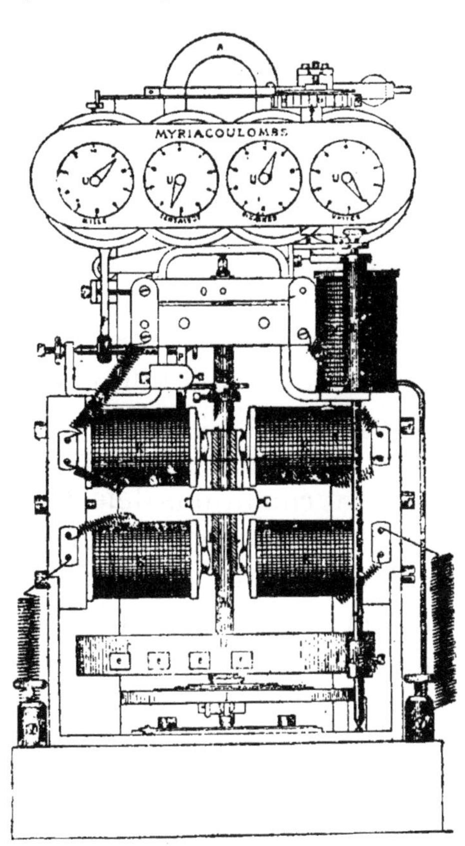

Fig. 22. — Compteur Cauderay.

En pratique, on adopte des unités plus grandes que le coulomb, par exemple le Myriacoulomb ou l'ampère-heure, ce qui permet de réduire la vitesse du cylindre.

Le mouvement d'horlogerie est actionné électriquement et non pas au moyen d'un ressort moteur.

Les remontages périodiques sont ainsi évités.

Un balancier circulaire H (fig. 22), dont la durée d'oscillation est réglée par un spiral en acier I, porte sur son axe M des barreaux de fer doux L L, constituant les armatures de deux électro-aimants doubles K. Une faible dérivation du courant traverse ces bobines qui, réunies en série, ont ensemble une résistance de 1,000 ohms. Un contact intermittent commandé par une douille distributrice ferme ce circuit au moment voulu et l'attraction produite sur les armatures entretient le mouvement oscillatoire du balancier.

Une autre bobine V, branchée dans le même circuit que les précédentes, sert à produire le déclenchement du mécanisme lorsque le voltage normal est atteint. Si ce dernier devient inférieur à la limite, déterminée par un réglage préalable, le compteur cesse de fonctionner et le consommateur n'a pas à payer l'énergie fournie dans des conditions défectueuses.

Dans le modèle primitif du compteur Cauderay—c'est celui que représente notre dessin — l'instrument de mesure était un ampèremètre du système Deprez, dont on voit en A l'aimant permanent. Il ne pouvait ainsi servir qu'aux courants continus et les variations magnétiques de l'aimant nécessitaient de fréquents réétalonnages.

Ces inconvénients ont été évités par l'emploi d'un électro-dynamomètre formé de deux bobines concentriques, l'une fixe et l'autre mobile à l'intérieur de la première, un peu obliquement pour que le couple électrodynamique soit modifié le moins possible par ses déplacements.

M. Frager a transformé complètement le compteur Cauderay. L'ampère-heure-mètre qu'il a ainsi réalisé est fondé sur le même principe que son watts-heures-mètre. Nous donnerons la description de ce dernier dans le chapitre V, et nous ne mentionnerons ici que les particularités propres à l'ampèremètre.

Cet organe est formé d'un circuit fixe et d'une bobine mobile traversée par un courant de dérivation. Cette bobine contient un noyau de fer doux et porte deux enroulements inverses superposés et montés en tension. Le moment de l'enroulement extérieur est légèrement supérieur au moment opposé de l'enroulement intérieur, mais le champ de ce dernier est supérieur à celui de l'autre d'une quantité suffisante pour que le fer se trouve toujours à l'état de saturation. Le moment magnétique du barreau est ainsi inverse de celui de l'enroulement.

Les augmentations du potentiel ont pour effet d'augmenter, d'une part, le moment de l'ensemble des deux enroulements et, d'autre part, celui du noyau de fer doux. L'ensemble est calculé de façon que ces effets se compensent.

De plus, la bobine mobile est calée de telle sorte qu'à zéro l'angle des lignes de forces positives des deux solénoïdes soit de 110 degrés et qu'il soit de 90 degrés au maximum de débit. Les effets d'induction magnétique du circuit fixe sur le barreau se trouvent ainsi à peu près annulés, et comme, d'autre part, les variations du potentiel sont pratiquement très limitées, on voit que les variations du magnétisme du barreau sont à peu près nulles et que l'on élimine complètement l'influence de l'hystérésis.

Cette disposition évite en outre l'inconvénient des aimants *dits* permanents. Ces derniers sont, en effet, toujours altérés par le champ du courant à mesurer; leur aimantation ne peut donc pas rester constante; elle est d'ailleurs variable avec le temps. Cette condition est absolument incompatible avec celles que l'on exige d'un compteur, dont l'étalonnage initial doit se conserver le plus longtemps possible, sinon indéfiniment.

Section 3. — Compteurs caloriques

L'application des effets thermiques du courant à la mesure de la consommation électrique a été, dès le début, proposée à plusieurs reprises. Elle n'a été toutefois réalisée d'une façon à peu près pratique que par M. le Professeur Forbes, de Londres.

Compteur Forbes. — Dans le circuit de l'installation, est intercalée une résistance en fil de fer susceptible d'être échauffée par le passage du courant. L'air ambiant, échauffé à son tour, prend alors un mouvement ascendant et fait tourner un moulinet très léger en mica engrenant avec une série de cadrans. La vitesse de rotation reste, dans certaines limites, proportionnelle à l'intensité du courant, mais, pour produire une chaleur suffisant au démarrage sous faible charge, il faut une résistance assez considérable présentant l'inconvénient d'occasionner une baisse sensible de voltage quand le débit augmente. La dépense spécifique exagérée de cet ingénieux appareil l'a seule empêché de se répandre.

Nous ne connaissons pas d'autre résultat sérieux obtenu dans cette voie. La question vaudrait pourtant la peine, à notre avis, d'être étudiée de près, car le compteur calorique a l'avantage de pouvoir fonctionner indistinctement avec toute espèce de courants (continus, alternatifs, diphasés, polyphasés), sans aucune modification de constante. Ses indications sont indépendantes de la forme du courant et de la fréquence de ses alternances ; elles ne peuvent en aucun cas se trouver faussées par des phénomènes d'induction.

CHAPITRE IV

LES VOLTS-HEURES-MÈTRES

La plupart des compteurs décrits dans le chapitre précédent peuvent être facilement transformés en volts-heures-mètres ; il suffit pour cela d'augmenter suffisamment la résistance de l'organe électrique et de le brancher en dérivation sur les conducteurs principaux, à l'entrée même de l'installation.

On sait, en effet, que les voltmètres (à l'exception des instruments électrostatiques) ne sont que des ampèremètres à grande résistance connectés en dérivation aux bornes des appareils d'utilisation, au lieu d'être intercalés directement dans le circuit.

On est amené à donner cette grande résistance aux voltmètres pour deux raisons.

La première résulte du principe même qui permet d'appliquer l'ampéremètre à la mesure du potentiel : lorsqu'il existe entre deux points une différence de potentiel E et qu'on les réunit par un conducteur, ce dernier est traversé par un courant d'autant plus intense que la force électromotrice est plus élevée et la résistance R du conducteur plus faible. C'est ce qu'exprime la *Loi d'Ohm*,

$$I = \frac{E}{R}$$

La résistance restant la même, on voit que l'intensité est proportionnelle au voltage. Mais le seul fait de réunir les deux points en question a pour effet de diminuer la différence de potentiel. Pourtant, en donnant une grande résistance au conducteur, le débit est suffisamment réduit pour que le régime primitif du circuit ne soit pas sensiblement altéré et que l'on puisse considérer comme pratiquement négligeable la baisse de tension occasionnée par le fonctionnement du voltmètre.

La deuxième raison est d'ordre économique. Il importe que l'appareil de mesure n'absorbe pas pour son seul fonctionnement une trop grande quantité d'énergie, et le seul moyen de réduire la dépense est d'augmenter la résistance proportionnellement au voltage que l'instrument est susceptible de recevoir.

Supposons, par exemple, une distribution à potentiel variable, mais dont le maximum peut être fixé à 5,000 volts. Si l'on veut qu'à la charge limite, le voltmètre n'absorbe pas plus de 0,1 ampère, la formule

$$R = \frac{E}{I}$$

déduite de la loi d'Ohm, indique que la résistance devra être :

$$\frac{5.000}{0,1} = 50.000 \text{ Ohms.}$$

L'ampéremètre, au contraire, mis en série dans le circuit principal, doit présenter au passage du courant le moins de résistance possible, afin de ne pas occasionner une baisse de voltage. C'est ainsi qu'un ampéremètre construit pour 25 ampères au maximum avec une perte de tension réduite à 0,2 volt à la pleine charge, ne devra avoir qu'une résistance de

$$\frac{0,2}{25} = 0,008 \text{ Ohms.}$$

Ces deux exemples montrent dans quelles proportions

doit être augmentée la résistance d'un compteur d'intensité lorsqu'on veut l'utiliser comme volts-heures-mètres.

Les compteurs chimiques sont ceux qui se prêtent le plus facilement à cette transformation, parce qu'il suffit d'éloigner convenablement les électrodes l'une de l'autre pour que l'électrolyte constitue une résistance suffisante, due à la faible conductibilité des liquides. Malheureusement ces appareils, ainsi que nous l'avons vu au chapitre III, ne peuvent être employés qu'avec les courants continus.

Lorsqu'on voudra employer, dans une distribution à intensité constante et potentiel variable, un compteur de quantité comportant un solénoïde, il faudra nécessairement, pour en accroître la résistance, remplacer les quelques spires de gros fil formant la bobine de l'ampéremètre par un fil fin et de grande longueur.

Le compteur calorique de M. Forbes pourrait facilement être transformé en volt-heure-mètre. La dépense spécifique aurait ici moins d'inconvénients, car elle n'influencerait pas le voltage général du réseau. On aurait ainsi un appareil pouvant servir indistinctement à la mesure de toute espèce de courants, sans modification de la constante.

Ce que nous avons dit relativement au principe sur lequel est fondé le fonctionnement du voltmètre ne s'applique pas aux électromètres statiques. Ces derniers n'absorbent aucun courant et leurs indications résultent uniquement de l'action mutuelle de surfaces métalliques, les unes fixes et les autres mobiles, respectivement reliées aux points dont on veut connaître la différence de potentiel et possédant, par conséquent, des charges de signes contraires. On pourrait, croyons-nous, combiner un volt-heure-mètre utilisant l'attraction électrostatique. Il serait facile, par exemple, de substituer à l'électrodynamomètre du compteur Frager, décrit dans le chapitre suivant, un instrument de mesure analogue au *multicellular electrostatic* imaginé par Lord Kelvin. Les mesures ainsi obtenues seraient absolument indépendantes de la forme du courant, — continu, alternatif, polyphasé ; — on n'aurait à craindre ni induction ni hystérésis, et les variations de la température ambiante n'exerceraient aucune influence sur l'exactitude des indications. Il est surprenant qu'aucune tentative n'ait encore été faite dans cette voie.

Les volts-heures-mètres ne sont pas employés en France. L'énergie électrique n'y est, en effet, distribuée, à quelques rares exceptions près, qu'à potentiel constant, et ce n'est guère qu'en Amérique que la distribution à intensité constante est appliquée sur une grande échelle.

CHAPITRE V

LES COMPTEURS D'ÉNERGIE

Tous les appareils créés jusqu'à ce jour dans le but d'effectuer l'intégration $\int I\,E\,dt$ utilisent l'action mécanique du courant. Comme tous les wattmètres, ils comportent deux enroulements exerçant l'un sur l'autre une influence réciproque.

L'un de ces enroulements, formé d'un conducteur de section appropriée au débit maximum prévu, est directement intercalé dans le circuit ; l'autre est constitué par un fil fin connecté en dérivation et suffisamment résistant pour que l'intensité y soit pratiquement proportionnelle au voltage.

Le couple électro-dynamique ainsi obtenu représente le produit de l'intensité I du courant traversant l'enroulement en série par la différence de potentiel E existant entre les conducteurs principaux de l'installation à contrôler.

Nous aurons à examiner deux catégories : 1° les Compteurs-moteurs ; — 2° les instruments basés sur le fonctionnement combiné d'un organe électrique et d'un mouvement d'horlogerie, l'intégration s'opérant dans ce dernier cas d'une façon continue ou discontinue selon le dispositif adopté, comme on l'a déjà vu, du reste, au chapitre III, où nous avons dû établir la même distinction pour les ampères-heures-mètres mécaniques.

I. — Compteurs-Moteurs

Citons seulement pour mémoire les appareils proposés par MM. Ayrton et Perry en 1882, et par M. Weston en 1886, et abordons immédiatement l'étude de ceux qui sont actuellement employés.

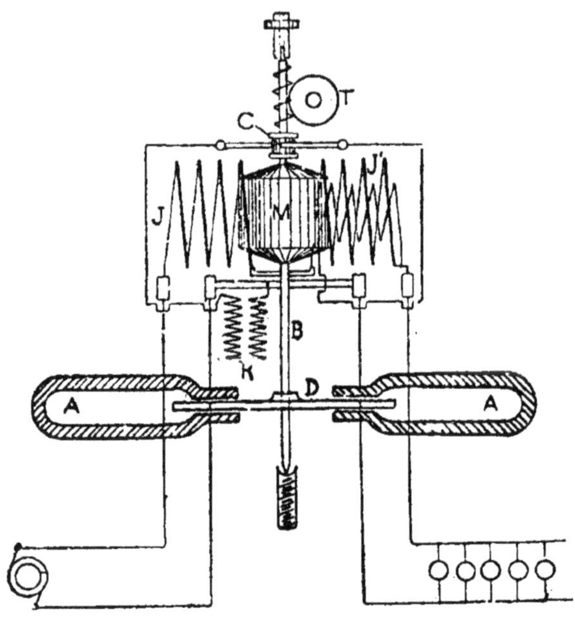

Fig. 23.
Compteur Thomson (principe de son fonctionnement).

Le **Compteur Elihu Thomson** est constitué par un moteur électrique dans la construction duquel il n'entre point de fer, le mouvement de rotation résultant uniquement de lignes de force traversant l'air. La fig. 23 montre le principe de son fonctionnement.

Le courant à mesurer traverse l'inducteur formé de deux bobines à gros fil J J'. Dans le champ de ces bobines est noyé l'induit M, du genre Hefner-Alteneck, composé de huit bobines de fil fin aboutissant comme à l'ordinaire à un collecteur C en argent sur lequel s'appuient deux balais argentés. Cet induit est mis en dérivation sur les deux conducteurs principaux à travers une grande résistance R qui sert à diminuer le nombre de volts sur le collecteur et à éviter les étincelles. Malgré cela, nous avons constaté assez souvent la présence de petites étincelles qui, à la longue, détériorent collecteur et balais.

La résistance est suffisamment grande pour que l'on puisse admettre que le courant traversant l'induit est proportionnel à la différence de potentiel.

Il est évident que dans ces conditions le couple moteur de ce système sera à chaque instant proportionnel à I E, c'est-à-dire à la puissance à mesurer et le travail produit à IE multiplié par la vitesse v. Ce travail est absorbé par la dynamo D, qui consiste tout simplement en un disque de cuivre calé sur le même arbre que l'induit M et pouvant tourner entre les pôles rapprochés des aimants AA.

Le travail absorbé par ce disque est fonction des courants produits multipliés par la vitesse et, comme ces courants eux-mêmes sont proportionnels à la vitesse, le travail absorbé sera proportionnel au carré de la vitesse et nous pourrons écrire comme équation d'équilibre

$$I\,E\,v = k\,v^2, \text{ d'où } I\,E = k\,v,$$

k étant une constante à déterminer.

La vitesse du système entier reste ainsi constamment proportionnelle à la puissance que l'on a à mesurer.

Le démarrage du moteur exige une dizaine de watts environ.

L'arbre B engrène par une vis sans fin avec un compteur de tours totalisateur T.

La fig. 24 représente l'aspect général de l'appareil sorti de sa boîte d'enveloppement.

Le principal avantage de ce compteur résulte de l'absence de fer dans le moteur. Il sert aussi bien pour les courants alternatifs que pour les courants continus, l'inductance du système pouvant être considérée pratiquement comme nulle. La résistance intercalée dans le circuit de l'induit est bobinée de façon à éviter les effets de self-induction.

Fig. 24. — Compteur Thomson.

L'influence du frottement est réduite au minimum, en premier lieu par une bonne construction mécanique. Le bout inférieur de l'arbre est une pointe d'acier trempé reposant sur une crapaudine en saphir poli. Pour diminuer encore les variations des résistances mécaniques, généralement très inconstantes, on donne une très faible vitesse de rotation, en employant des aimants capables de produire un amortissement très puissant. En outre, la résistance des frottements est équilibrée aussi exactement que possible par un *compoundage* des inducteurs fait avec un fil fin intercalé dans le circuit de l'induit, ainsi qu'on le voit en J' (fig. 23). L'inconvénient de cette disposition est que, parfois, le moteur peut se mettre à tourner sans qu'aucun appareil fonctionne chez l'abonné. Nous l'avons constaté nous-mêmes à plusieurs reprises.

L'influence barométrique est pratiquement nulle. parce que les frottements avec l'air sont très réduits par suite de la très faible vitesse de rotation et de la forme appropriée de la pièce mobile.

Quant à l'influence des variations de la température ambiante, elle est prévue dans la construction d'une façon très simple. Les résistances mises en série avec l'induit sont en cuivre de même qualité que celui de l'induit et du disque amortisseur. Ainsi, lorsque, par suite d'une augmentation de température et par conséquent aussi de la résistance du système, le couple moteur diminue, le couple amortisseur diminue aussi, parce que la résistance du disque augmente.

Il résulte de la disposition relative de l'induit et des inducteurs que tout le travail retourné à la station est décompté automatiquement. Ainsi, dans le cas où l'on fait usage d'accumulateurs, s'il y a retour de courant, l'induit marche à rebours et le totalisateur démarque. Il déduit de même, dans les distributions par courants alternatifs, l'énergie restituée par suite des différences de phases entre les courants et les forces électromotrices sur les circuits à self-induction.

Le compteur Thomson, très étudié et d'une construction des mieux soignées, présente cependant un inconvénient sérieux résultant du dispositif adopté pour régler la vitesse de rotation. Rien n'est plus inconstant et plus exposé à des variations imprévues que le magnétisme d'un aimant *dit* permanent, et ces variations se traduisent nécessairement par une modification fréquente de la constante.

L'appareil est ordinairement étalonné de telle sorte

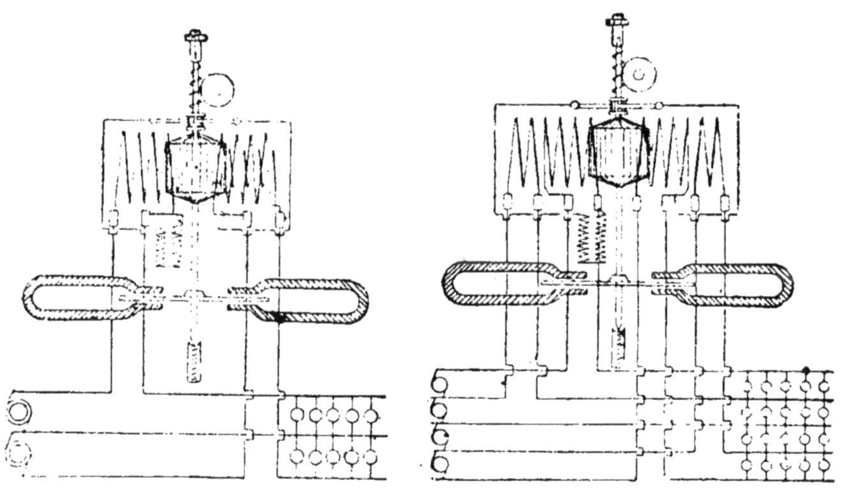

Fig. 25. Fig. 26.

que les chiffres indiqués par les cadrans donnent la consommation directement en Hectowattheures, au moins pour les débits moyens; pour les autres, la constante est l'un des nombres simples 2, 3 ou 0,2, 0,5.

Pour effectuer l'étalonnage, on dispose de deux moyens de réglage : on peut faire varier la résistance qui est en serie avec l'induit, ou bien modifier la position de l'un des aimants. En rapprochant les pôles du centre de rotation du disque, on diminue l'amortissement.

Dans les installations ordinaires à deux fils, le compteur est branché comme l'indique la fig. 23.

Pour mettre l'appareil sur les circuits à trois fils, on fait les connexions de la façon indiquée fig. 25, l'induit restant branché entre les conducteurs extrêmes, sans que le fil de compensation traverse le compteur. Chacune des deux bobines de l'inducteur est parcourue par l'un des courants extérieurs.

La fig. 26 montre comment sont établies les connexions dans le cas d'une distribution à cinq fils. On remarquera que le fil neutre reste en dehors.

Au concours organisé en 1891 par la Ville de Paris, le compteur Thomson a partagé le premier prix avec le watts-heures-mètre Aron, dont nous donnons plus loin la description. Il vient d'obtenir, à l'Exposition de Bruxelles (1897), un diplôme d'honneur.

Le **Compteur Hookham** et le **Compteur Peloux** sont constitués, comme le précédent, par un moteur dont la vitesse est amortie au moyen d'un disque en cuivre tournant entre des pôles magnétiques.

La maison Johnson et Phillips fabriquait depuis quelque temps un compteur très ingénieux imaginé par le professeur Perry. Une coupe cylindrique en cuivre servait à la fois d'induit du moteur et de frein à courants de Foucault. Mais cette modification avait été prévue dans le brevet Hookham, daté de 1887, et, à la suite d'un procès récent, le compteur Perry a été déclaré une contrefaçon de ce brevet.

Compteur Brillié (modèle 1895). Il consiste en un moteur électrique dont la vitesse est maintenue proportionnelle à la puissance à mesurer, au moyen d'un régulateur commandé par un électrodynamomètre.

La fig. 27 montre l'ensemble du mécanisme et les

Fig. 27. — Compteur Brillié.

fig. 28 et 29 donnent des croquis détaillés de l'électrodynamomètre et du moteur.

La bobine mobile B (fig. 28) de l'électrodynamomètre est fixée sur une tige verticale A suspendue à un fil composé de neuf brins pour assurer une solidité suffisante sans augmenter l'effort de torsion. Le déplacement angulaire est d'ailleurs réduit à quelques degrés seulement.

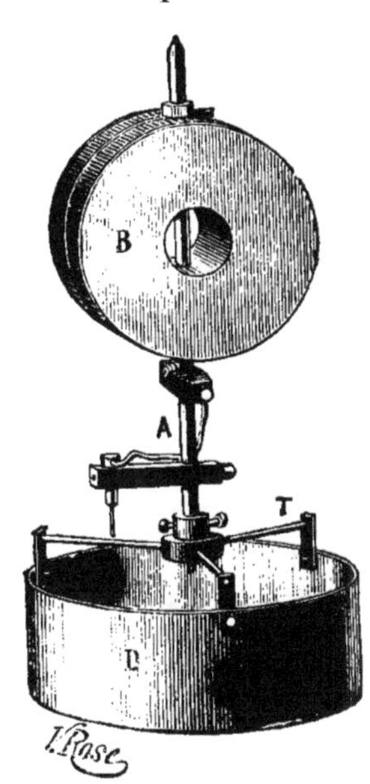

Fig. 28.

Sur la tige A est également monté un cylindre en cuivre rouge D pouvant osciller librement entre les branches des aimants E (fig. 29). Ces derniers sont reliés, par les tiges F, à l'axe C du moteur M. Les axes C et A sont dans le prolongement l'un de l'autre, mais entièrement indépendants.

Le mouvement de rotation imprimé aux aimants par le moteur a pour effet de déterminer dans le cylindre en cuivre des courants induits qui tendent à l'entraîner dans un sens opposé au déplacement que subit la bobine B sous l'influence du courant à mesurer.

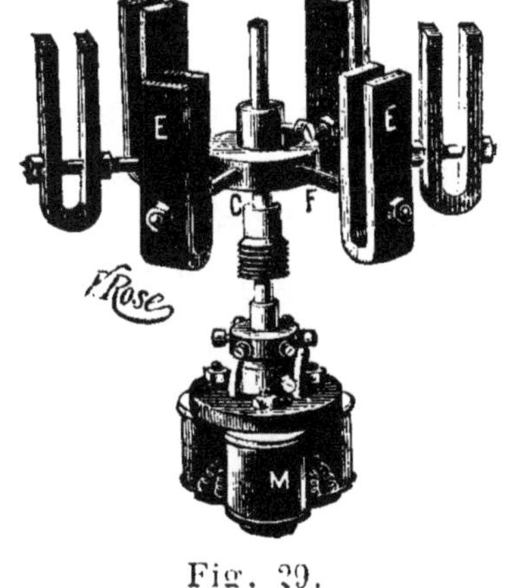

Fig. 29.

L'effort d'entraînement étant proportionnel à la vitesse de rotation des aimants, et, d'autre part, l'effort, de sens opposé, exercé par l'électrodynamomètre, étant proportionnel à la puissance du courant, on comprend que si l'on peut régler la vitesse des aimants de telle sorte que les efforts se fassent équilibre à chaque instant, cette vitesse sera proportionnelle à la puissance du courant à mesurer et que la consommation effectuée pendant un certain temps sera donnée par la simple totalisation du nombre de révolutions du moteur.

Or, la vitesse de ce dernier est réglée automatiquement au moyen de l'électrodynamomètre qui, par ses oscillations (suivant que son action est supérieure ou inférieure à l'action des aimants sur le cylindre en cuivre), établit ou interrompt un contact intercalé dans le circuit du moteur. En réalité il y a, non pas un simple contact, mais un rhéostat grâce auquel le courant n'est interrompu qu'après interposition d'une grande résistance sans self-induction, ce qui annule à peu près complètement les étincelles de rupture.

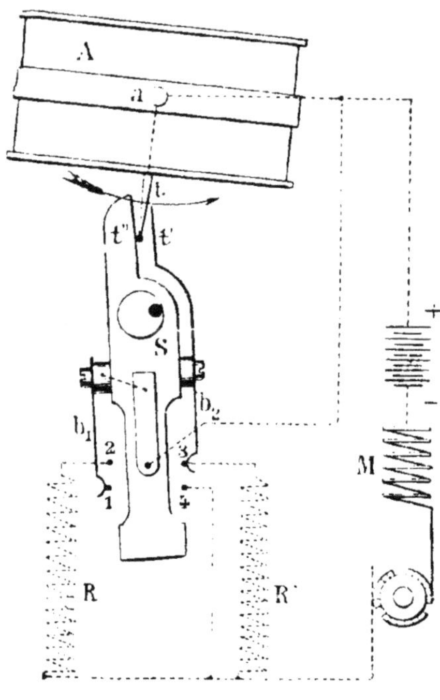

Fig. 30.

Ce rhéostat-régulateur, commandés par les déplacements de la bobine mobile B, fait varier l'intensité du courant actionnant le moteur et, par suite, la vitesse de rotation qui se trouve ainsi maintenue constamment proportionnelle à la force développée dans le wattmètre, c'est-à-dire à I E.

Le rhéostat est constitué par deux résistances R et R′, qui peuvent être intercalées dans le circuit du moteur et couplées de façons différentes au moyen du commutateur représenté fig. 30. Cet organe se compose d'une pièce isolante mobile autour d'un axe S. Sur les côtés de cette pièce isolante sont fixés deux balais flexibles b^1 et b^2, dont l'un b^1 communique par l'axe S avec un pôle de la source d'électricité et l'autre b^2 avec un contact t'.

Quatre goupilles numérotées 1, 2, 3, 4, sont fixées sur une pièce isolante et placées de telle sorte que, par le mouvement d'oscillation de S, les balais b^1 et b^2 se mettent alternativement en contact avec les goupilles 1 et 2 ou 3 et 4.

Les déplacements de S sont commandés par le contact t, monté sur l'axe a de la bobine A de l'électrodynamomètre et par conséquent solidaire de cette dernière.

Considérant la position du repos. c'est-à-dire la position des différents organes lorsqu'il ne passe aucun courant, le contact t s'appuie sur la pièce isolante S en t'', le balai b^1 s'appuie sur la goupille 1 sans être en contact avec la goupille 2, et le balai b^2, isolé de la goupille 4, touche la goupille 3.

La goupille 1 est entièrement isolée ; des goupilles 2 et 3 partent les résistances R et R′ intercalées entre le moteur M et ces goupilles. La goupille 4 est reliée directement au moteur.

Dès que le moindre courant traverse l'électrodynamomètre, la bobine mobile de ce dernier se déplace et entraîne le contact t dans le sens de la flèche. Le contact $t\ t'$ est établi et le moteur se met à tourner.

Le contact t continuant à se déplacer (par suite de l'action prépondérante de l'électrodynamomètre sur l'entraînement magnétique), déplace dans son mouvement la pièce S, et le balai b^1 vient en contact avec la goupille 2. La résistance R s'établit en dérivation sur R′, et, le courant ayant augmenté, la vitesse du moteur augmente.

Si, toujours sous la même influence (l'action prépondérante de l'électrodynamomètre) le contact t continue à déplacer la pièce S dans le même sens, le balai b^2 vient en contact avec la goupille 4, mettant en court circuit les résistances R et R'. Le courant prend alors sa valeur maxima, valeur telle que la vitesse du moteur deviendra, dans tous les cas, supérieure à celle nécessaire pour que l'action des aimants devienne plus grande que celle de l'électrodynamomètre.

Lorsque l'action des aimants devient prépondérante, le contact t se déplace dans le sens inverse de celui indiqué par la flèche et le courant $t\,t'$ est rompu. Si le contact t continue à se déplacer dans le sens opposé à celui de la flèche, il entraîne la pièce S et le balai b^1, abandonnant la goupille 2, passe sur la goupille 1. Le courant devient alors nul.

En résumé, le courant envoyé dans le moteur est d'autant plus grand que la bobine est plus à droite; — il diminue subitement pendant l'oscillation à gauche; — la rupture se fait soit en $t\,t'$, soit en $b^1\,2$, à travers R ou R', c'est-à-dire lorsque le courant est minimum.

Le dispositif que nous venons de décrire ne donne en apparence que quatre vitesses de régime pour le moteur, mais en réalité il n'en est pas ainsi, car la bobine A, par de légères oscillations, modifie constamment la valeur du courant du moteur, de telle sorte que l'intensité moyenne qui le traverse lui imprime exactement la vitesse voulue.

La fig. 27 montre la disposition générale des divers organes dont nous avons donné la description détaillée. En haut se trouve l'électrodynamomètre; au-dessous, le rhéostat-régulateur de vitesse, puis le cylindre en cuivre et les aimants surmontant le moteur. Devant ce dernier est la minuterie du totalisateur, composé de cinq cadrans à lecture directe en hectowattheures, la constante pouvant toujours être ramenée à 1.

L'étalonnage peut être fait, soit en intercalant des résistances dans le circuit de la bobine mobile, soit en faisant varier l'action des aimants sur le cylindre de cuivre, en montant ou descendant la bague qui les supporte, de façon à engager plus ou moins le cylindre entre leurs branches.

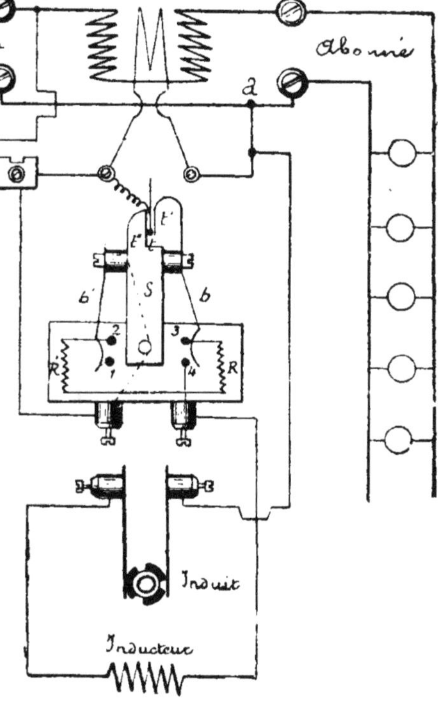

Fig. 31.

Avec les courants alternatifs, il faut modifier le rhéostat et l'inducteur, leur résistance variant suivant le nombre de périodes. Voici, à titre d'exemple, quelles sont les résistances adoptées en cas de distribution sous 100 volts :

Pour une fréquence de 40 périodes par seconde : inducteurs, deux bobines de 550 ohms chacune ; induit 150 ohms ; rhéostat. deux résistances de 1,000 ohms chacune.

Pour une fréquence de 80 périodes par seconde : inducteurs, deux bobines de 350 ohms chacune ; induit 150 ohms ; rhéostat 1,800.

Enfin, pour une fréquence de 130 périodes par seconde :

bobines des inducteurs, 225 ohms chacune ; induit 150 ohms ; rhéostat 1,600.

Les erreurs pouvant provenir des frottements de pivots et des résistances de l'air sont complètement supprimées par l'emploi du régulateur de vitesse. L'influence de la

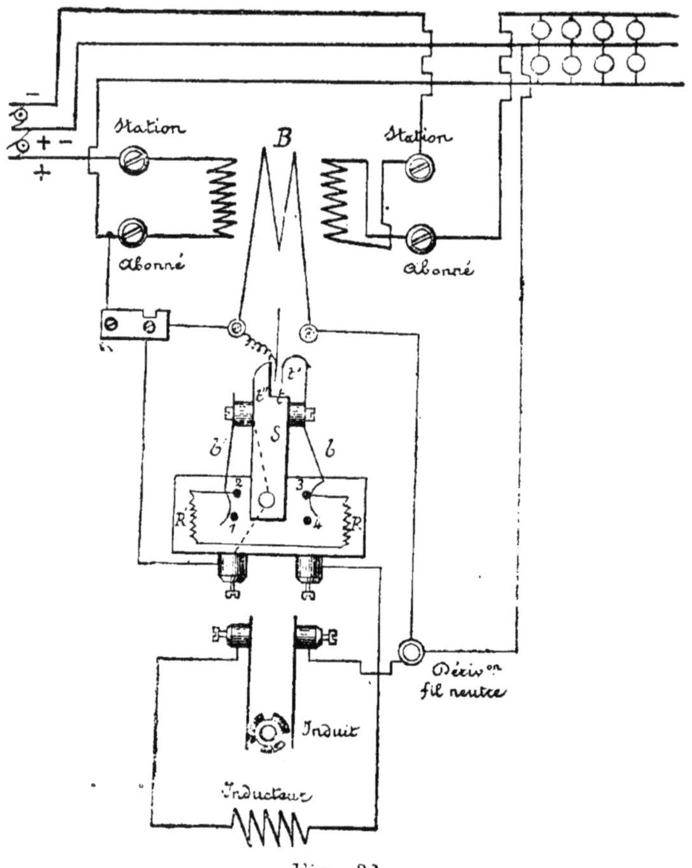

Fig. 32

température est nulle, celle-ci faisant varier simultanément la résistance de l'électrodynamomètre et celle du cylindre en cuivre.

La consommation spécifique est très réduite, car elle atteint au maximum 4 watts.

La sensibilité est remarquable, le démarrage se produisant à un milième de la plus forte charge. C'est ainsi que le type correspondant à 10,000 watts peut tourner à partir de 10 watts.

Les fig. 31 et 32 donnent les schémas des connexions avec le montage à deux et à trois fils.

Le compteur Brillié a récemment obtenu, à l'Exposition universelle d'Anvers, le diplôme d'honneur, et, à l'Exposition de Bruxelles, une médaille d'or.

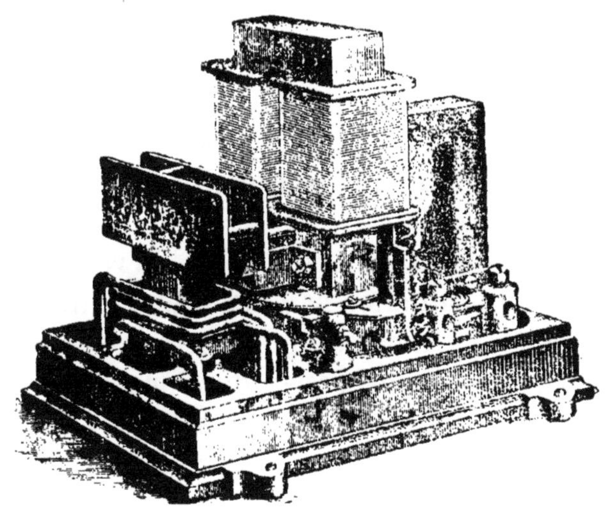

Fig. 33. — Compteur Blaty.

Compteur Blaty. — Uniquement destiné aux courants alternatifs, il est basé sur le principe des moteurs à champ tournant, comme les Compteurs Borel et Schalbenberger, décrits au chapitre III.

La fig. 33 en donne une vue d'ensemble.

Le champ tournant est produit par un électro-aimant à gros fil, en série sur le circuit principal, et par un électro-aimant à fil fin, en dérivation, calculé de telle manière que le courant qui y circule est en retard d'un quart de période sur celui qui passe dans l'électro en série.

Un disque d'aluminium chimiquement pur tourne avec le champ magnétique, et ses révolutions sont totalisées sur cinq cadrans.

Un aimant amortit la vitesse du disque et la rend proportionnelle à l'énergie consommée.

Un écran magnétique en cuivre rouge permet d'obtenir le degré de sensibilité que l'on désire pour le démarrage. Il suffit de déplacer, à cet effet, l'écran au moyen d'une vis de réglage.

Le compteur Blaty peut fonctionner dans toutes les positions et en conservant une grande sensibilité. C'est ainsi qu'un compteur de dix ampères démarre avec trois centièmes d'ampère.

Les cadrans sont à lecture directe, le réglage permettant toujours de ramener la constante à l'unité.

Enfin l'appareil tient compte, entre certaines limites, des décalages que des self-inductions peuvent introduire dans le courant. En d'autres termes, il mesure le produit :

Ampères × *volts* × *cosinus angle décalage.*

Nous ne reviendrons pas sur ce que nous avons dit précédemment au sujet de l'amortisseur à aimant permanent, qui peut toujours être une cause d'erreurs.

Le compteur Blaty est construit pour distributions à deux et à trois fils. Il peut être transformé en ampères-heures-mètre, les circuits des deux électro-aimants étant alors en série et composés tous deux d'un fil de section suffisante. Il est aussi employé, parfois, comme compteur primaire destiné à mesurer l'énergie électrique totale produite par la station. Dans ce cas, le courant primaire à haute tension passe dans l'électro-aimant en série, tandis qu'un courant à basse tension, produit par un transformateur en dérivation sur le circuit primaire, parcourt la bobine à fil fin.

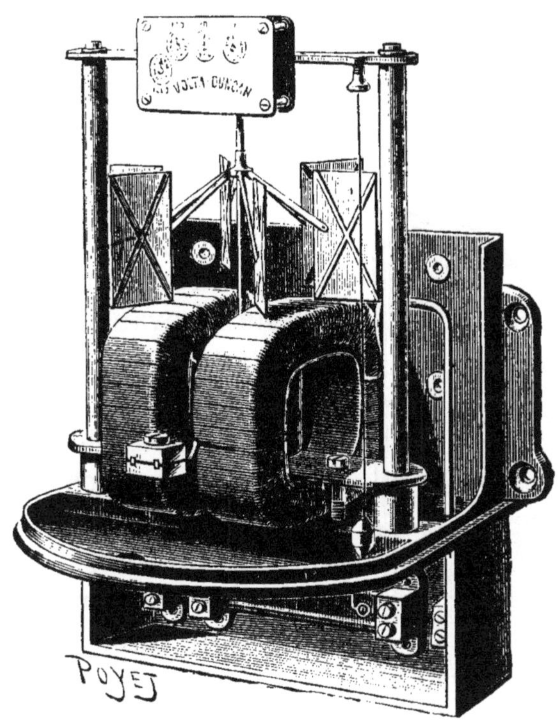

Fig. 34. — Compteur Volta-Duncan.

Le **Compteur Volta-Duncan** (fig. 34) est, comme le précédent, constitué par un moteur à champ tournant. Il ne peut donc fonctionner qu'avec des courants alternatifs. La pièce mobile est cylindrique et calée sur le même axe que six ailettes formant frein par la résistance de l'air et remplaçant avantageusement les aimants permanents, sur l'inconvénient desquels nous nous sommes suffisamment expliqué. Cet appareil peut être employé dans des installations à deux et à trois fils.

II. — Compteurs a heures-mètre

(a.) *Intégration continue*

Compteur Aron. — Comme l'ampères-heures-mètre du même constructeur, décrit au chapitre III, cet appareil se compose essentiellement de deux pendules réglés par une égale durée d'oscillation (fig. 35). Le pendule de gauche est terminé par un poids en laiton; celui de droite porte à son extrémité un solénoïde à fil fin recevant une dérivation de la ligne. Ce solénoïde mobile se déplace à l'intérieur d'un autre solénoïde fixe et formé d'un gros fil parcouru par le courant principal.

Fig. 35.
Compteur Aron à deux fils.

L'action réciproque des deux solénoïdes a pour effet de rendre plus rapides les oscillations du pendule correspondant. Cette accélération est, dans certaines limites, pratiquement proportionnelle au produit de la tension qui règne aux bornes du compteur par l'intensité du courant qui y circule.

La différence de durée d'oscillation des deux pendules est enregistrée par l'intermédiaire du mouvement planétaire déjà décrit, page 46.

Les chiffres indiqués aux cadrans donnent directement les hectowattheures, sauf pour les compteurs de grande capacité où il faut, pour connaître l'énergie consommée, multiplier ces chiffres par un facteur numérique constant inscrit sur l'appareil.

La perte de tension due au passage du courant dans le solénoïde à gros fil est insignifiante. C'est ainsi que, dans un compteur de 100 ampères recevant le courant maximum, elle ne dépasse pas cinq centièmes de volt. La consommation du solénoïde à fil fin n'atteint pas deux watts, grâce à la haute résistance de la dérivation.

Cet appareil s'applique à toute espèce de courants, continus, alternatifs, polyphasés. Il est construit pour des distributions à deux et à trois fils.

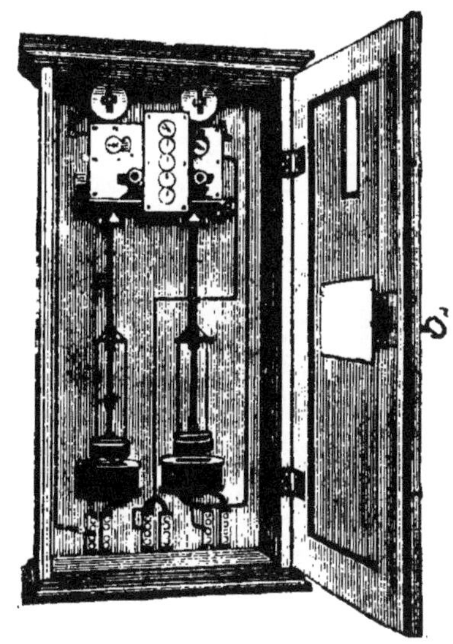

Fig. 36. — Watts-heures-mètre Aron à trois fils.

La fig. 36 représente le modèle le plus récent, destiné aux installations à trois fils. Chacun des deux pendules est terminé par un solénoïde à axe vertical se déplaçant au-dessus d'un solénoïde fixe à axe également vertical. Les solénoïdes fixes, formés de quelques spires de gros fil, sont branchés en série dans les circuits extérieurs. Les solénoïdes mobiles, composés d'un fil long et fin, sont connectés en dérivation. Le sens de l'enroulement respectif de chacune de ces bobines est combiné de telle façon que le passage du courant détermine une attraction entre les deux solénoïdes de droite et par conséquent un accroissement de vitesse du pendule correspondant, tandis qu'il produit une répulsion et par suite un ralentissement sur le groupe de gauche. Ces deux effets s'ajoutent pour augmenter la différence de vitesse des deux pendules.

Le compteur Aron a obtenu le premier prix aux deux concours de la Ville de Paris (1889 et 1891).

(b) *Intégration discontinue.*

Compteur Déjardin. — La figure 37 représente les organes principaux de cet appareil. Un fléau B D dont le

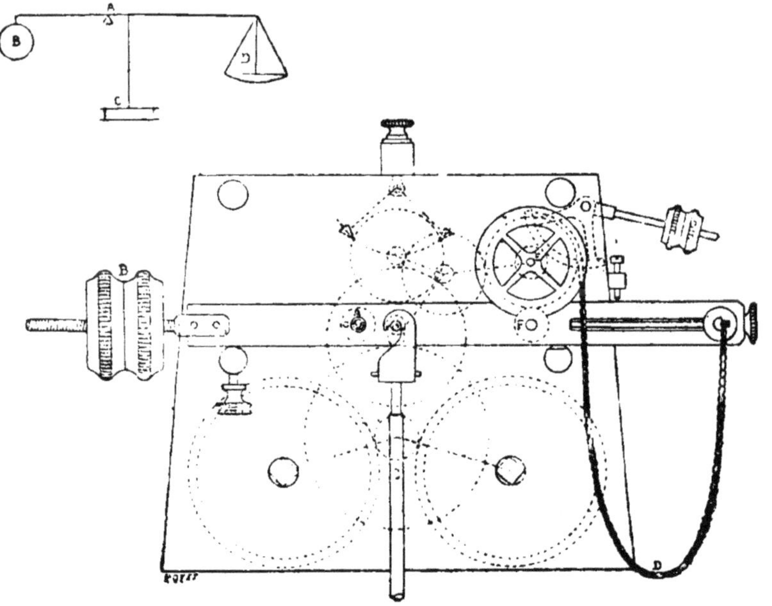

Fig. 37. — Principe du compteur Déjardin.

point d'appui est en A soutient, par la tige de suspension C, la bobine mobile d'un wattmètre. Une chaîne métallique plate D, d'un poids déterminé (1), est attachée par l'un de ses bouts à l'extrémité de droite du fléau. Le

(1) Cette chaine, très souple, est connue dans l'article de Paris sous le nom de *chaîne régence*. Elle était déjà employée dans les balances de précision de M. SERRIN.

point d'attache est réglable au moyen d'une vis de rappel. L'autre bout de la chaîne est enroulé autour d'une poulie montée à déclic sur un axe E actionné par un mouvement d'horlogerie qui lui fait accomplir une révolution en cinq minutes. Le sens de l'enroulement est tel que le mouvement d'horlogerie fait dérouler progressivement la chaîne pendant cinq minutes. Au bout de ce temps, le déclic laisse agir un contrepoids qui ramène brusquement la poulie en sens inverse, de telle sorte que la chaîne se trouve de nouveau enroulée. Dès que la chaîne est ainsi remontée autour de la poulie, cette dernière redevient solidaire de l'axe E et le déroulement de la chaîne recommence pour une nouvelle période de cinq minutes.

Le contrepoids B est réglé de telle sorte qu'à circuit ouvert le fléau reste toujours en équilibre, même lorsque la chaîne, complètement remontée, pèse le moins possible sur ce fléau.

Supposons maintenant que le passage d'un courant dans le wattmètre soulève la bobine mobile et par suite la tige C. Si à ce moment la chaîne, complètement remontée, commence à peine à se dérouler, le fléau sera immédiatement soulevé et il gardera cette position jusqu'à ce que le poids de la chaîne, augmentant progressivement par l'effet de son déroulement, vienne contrebalancer l'action du couple électrique et rétablisse l'équilibre. A partir de ce moment le fléau reprendra sa position normale et la conservera jusqu'au moment où la chaîne sera remontée pour recommencer la même série de mouvements.

Dans ces conditions, le temps pendant lequel le fléau restera soulevé sera proportionnel à la force développée dans le wattmètre.

Or le fléau porte, en F, une roue dentée qui, lorsqu'il

est soulevé, vient engrener d'une part avec le mouvement d'horlogerie et d'autre part avec la première roue d'un totalisateur. Lorsque, au contraire, le fléau reprend sa position d'équilibre, la roue F cesse d'engrener avec le totalisateur et ce dernier est immobilisé jusqu'au moment où le fléau est soulevé à nouveau.

Il en résulte que les aiguilles du totalisateur progressent

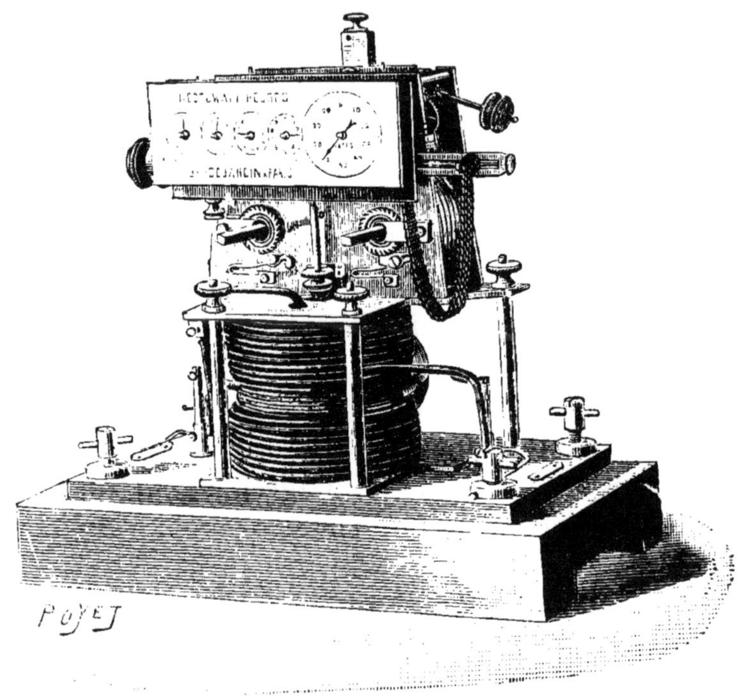

Fig. 38. — Compteur Déjardin.

d'une façon uniforme tant que le fléau reste soulevé et que cette progression est bien proportionnelle à $\int I \, E \, dt$, ainsi que le démontre l'exemple suivant.

Soit un compteur établi pour 2,500 watts au maximum, avec des périodes de déroulements de cinq minutes chacune ; si le débit n'est que de 500 watts, l'intégration n'aura lieu que pendant la première minute. S'il est de 1,000 watts, l'intégration durera deux minutes. Pour 2,500 watts, elle sera juste de cinq minutes.

Le compteur Déjardin est applicable aux courants continus et alternatifs. On le règle de telle sorte que les cadrans soient à lecture directe en wattheures, sans aucune constante. Le réglage se fait en déplaçant le point d'attache de la chaîne sur le fléau, au moyen de la vis de rappel.

La quantité de courant absorbée par le fonctionnement de l'appareil est très réduite, l'agent moteur principal étant un mouvement d'horlogerie.

L'absence d'étincelles est absolue, car il n'y a aucun contact intermittent et toutes les connexions sont serrées à bloc.

Dans le cas d'un montage à trois fils, on fait les connexions de telle sorte que la bobine à fil fin soit en dérivation sur les circuits extérieurs et que chacune des bobines à gros fil soit parcourue par les courants extérieurs.

Le **Compteur Marès** (fig. 39 et 40) est analogue au précédent, avec cette différence que la chaîne à déroulement périodique est remplacée par un poids curseur monté sur un chariot à galets, se déplaçant le long du fléau en un mouvement régulier de va-et-vient qui lui est communiqué par un mécanisme d'horlogerie. Ce poids exerce ainsi une pesée d'autant plus grande qu'il se trouve sur un point du fléau plus éloigné du couteau de suspension. Le mouvement d'horlogerie commande aussi les aiguilles du totalisateur qu'il fait progresser avec une vitesse uniforme, mais seulement pendant que le fléau est maintenu relevé par l'action du wattmètre. Dès que le poids mobile exerce une action suffisante pour faire redescendre le fléau, le mouvement d'horlogerie cesse

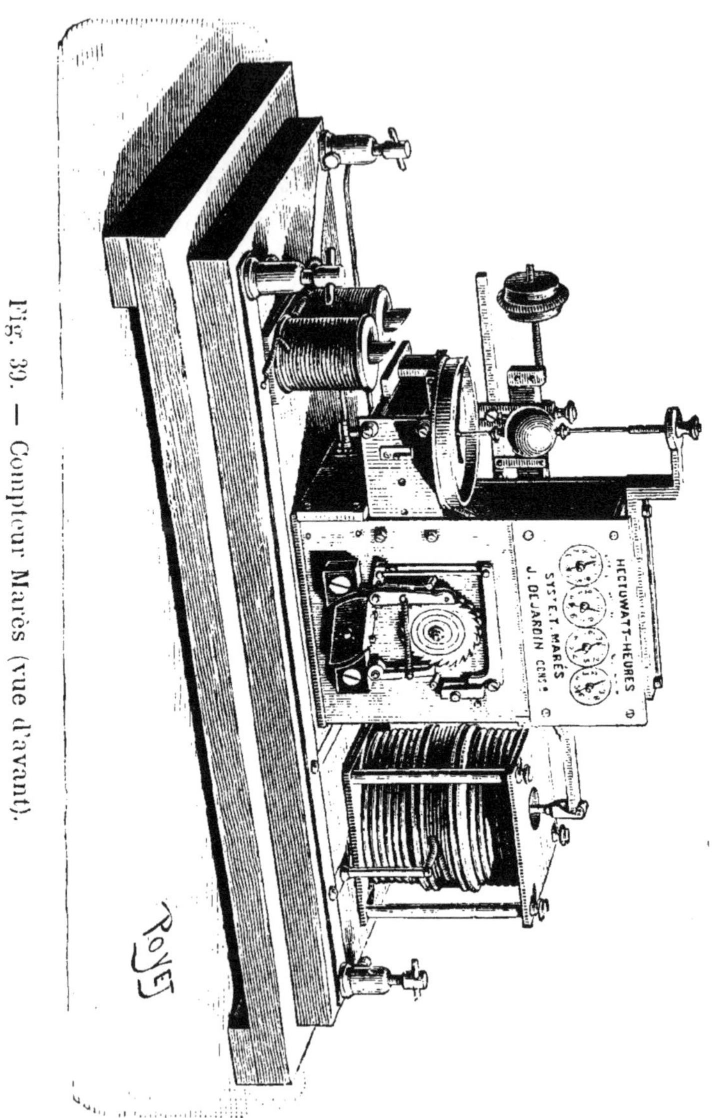

Fig. 39. — Compteur Marès (vue d'avant).

d'engrener avec le totalisateur dont les aiguilles sont ainsi immobilisées jusqu'à ce que le fléau se relève à nouveau.

On voit donc que l'intégration s'opère de la même façon qu'avec le compteur Déjardin.

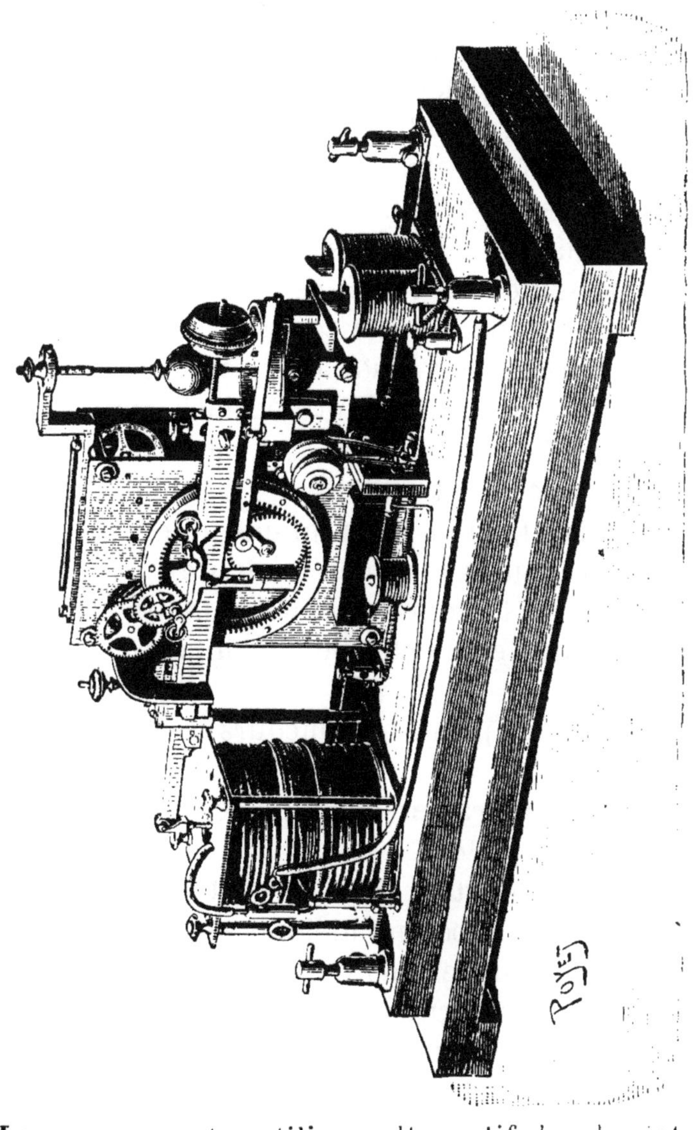

Fig. 40. — Compteur Marès (vue d'arrière).

Le mouvement rectiligne alternatif du chariot lui est transmis par un engrenage double de Lahire lié à une coulisse sur laquelle est attachée une bielle légère fixée au chariot. On sait qu'un point de la circonférence de la petite roue dentée de cet engrenage décrira un diamètre à l'intérieur de la grande. Le point d'attache de la coulisse suit donc un diamètre horizontal.

Le mécanisme d'horlogerie, réglé par un pendule conique vertical, est remonté automatiquement par le courant. A cet effet, un électro-aimant commande un levier qui vient accrocher les dents du rochet de remontage. Un commutateur circulaire, faisant un tour à chaque allée du chariot, présente cinq chevilles au contact d'un ressort qui lance cinq fois par tour le courant dans l'électro-aimant. Le ressort moteur reste ainsi toujours également tendu. Un autre électro-aimant déclenche le pendule à circuit fermé; dès que le courant ne passe plus, le mouvement d'horlogerie est arrêté.

Le pendule fait 120 tours à la minute et le chariot effectue une mesure toutes les quatre minutes.

La résistance de la bobine mobile du wattmètre est de 5,000 ohms; celle de l'électro de remontage est de 1,000 ohms.

Cet appareil a été primé au concours de Paris, en 1891.

Le **Compteur Frager** est représenté en élévation, fig. 41 et en plan, fig. 42.

L'électrodynamomètre, dont on voit en A A′ les bobines fixes et en B la bobine mobile, est muni d'une aiguille L flexible dans le sens vertical à son extrémité N. Au-dessous de cette dernière est une came θ montée sur un axe vertical γ tournant avec une vitesse uniforme. Ce mouvement régulier lui est communiqué par un moteur chronométrique identique à celui du compteur horaire Frager décrit au chapitre II. Une dérivation du courant actionne ce moteur.

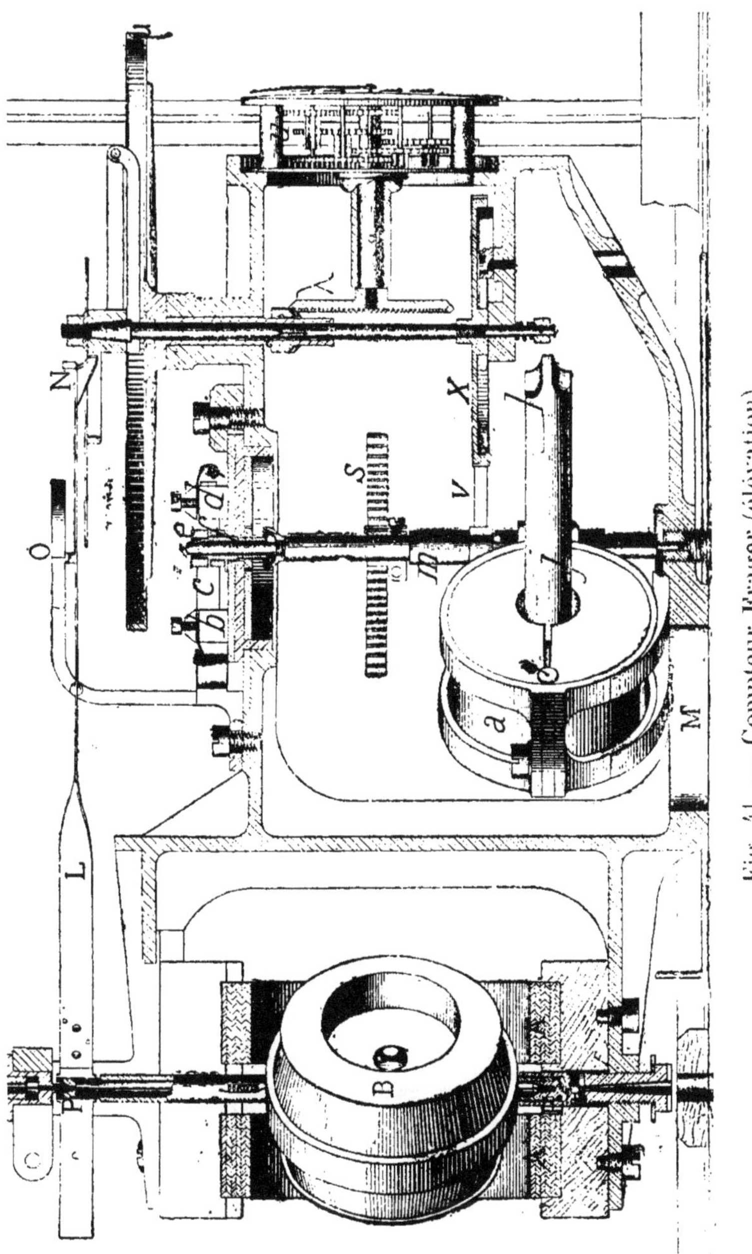

Fig. 41. — Compteur Frager (élévation).

A chaque révolution de l'axe, la rampe δ, disposée au-dessus de la came, vient saisir dans sa position d'équi-

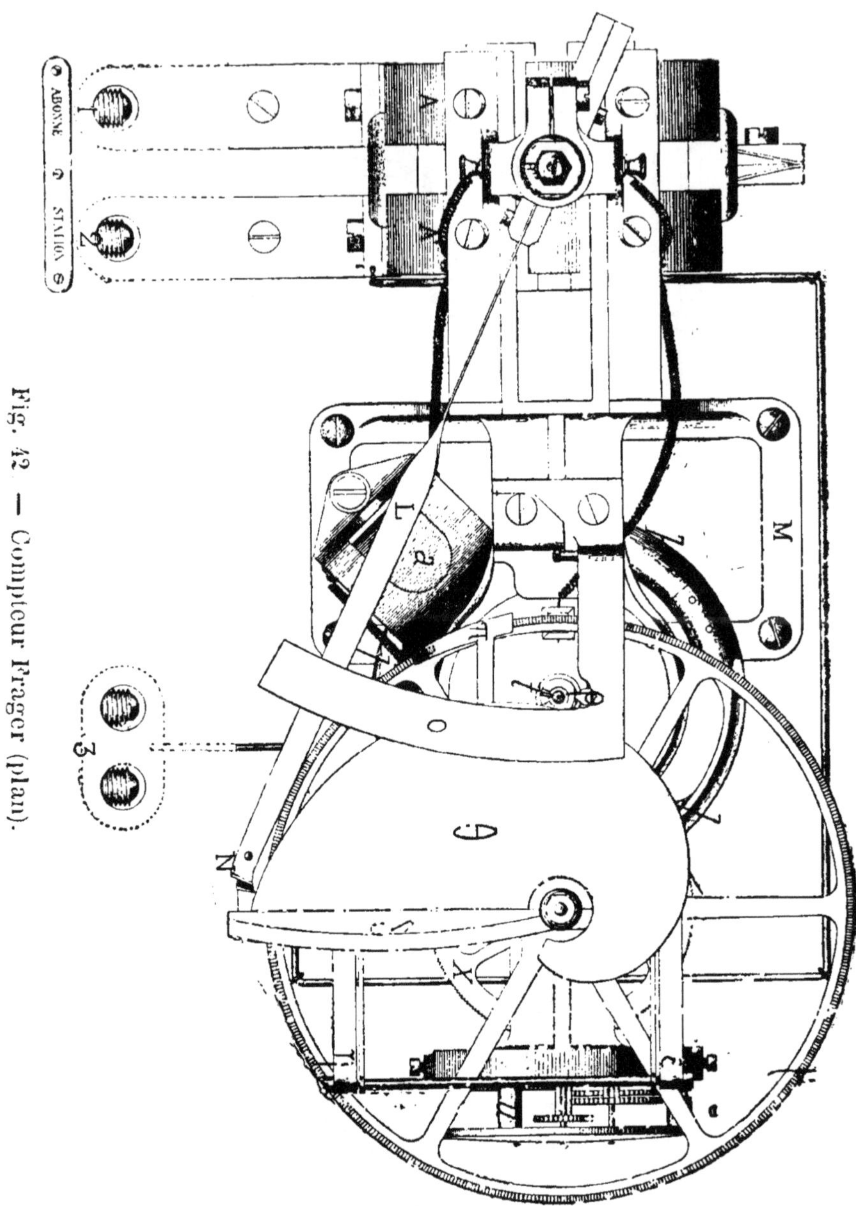

Fig. 42 — Compteur Frager (plan).

libre l'aiguille N et, la soulevant, la fait buter contre le pont fixe O. Ainsi immobilisée, l'aiguille exerce alors une pression sur la came θ, qu'elle abaisse légèrement.

Dans ce mouvement de descente, la came entraîne le cliquet π qui, venant embrayer la roue μ rend cette dernière solidaire de l'axe γ jusqu'au moment où la came laisse échapper l'aiguille N.

La roue μ commande le totalisateur u par l'intermédiaire de deux roues d'angle γ λ.

Or, la came a une forme telle qu'elle reste en contact avec l'aiguille pendant un temps proportionnel à la déviation de celle-ci et par suite à la puissance indiquée par le wattmètre. Il en résulte qu'à chaque révolution la roue μ, et avec elle le totalisateur, avancent d'une quantité proportionnelle à la dépense d'énergie.

Fig. 43.

L'une des aiguilles se déplace sur un cadran gradué de telle sorte que chaque division corresponde à 36 watt-heures, c'est-à-dire à peu près à la dépense d'une lampe de dix bougies. Cette disposition peut avoir une certaine utilité pratique pour la vérification sommaire d'un compteur à l'aide des lampes de l'installation et sans instrument de contrôle.

Cet appareil peut fonctionner avec les courants alternatifs, en raison du faible coefficient de self-induction de la bobine mobile et de sa grande résistance, ce qui rend très petite la constante de temps du circuit dérivé et par suite le facteur de correction correspondant, pratiquement négligeable.

La puissance absorbée pour le fonctionnement ne dépasse pas 9,5 watts pour un compteur de 5,000 watts en pleine charge.

Le compteur Frager a été primé au concours de 1891.

D'autres mesureurs d'énergie électrique ont été construits sur le même principe que le précédent, dont ils ne diffèrent que par quelques dispositions de détails. La description en serait fastidieuse et nous nous bornerons à mentionner les principaux.

Le **Compteur Meylan-Rechniewski** se compose d'un moteur électrique à vitesse constante faisant tourner une came élastique qui, à chaque tour, rencontre un fléau portant la bobine mobile d'un électrodynamomètre. Un embrayage à friction transmet le mouvement de l'axe à un totalisateur pendant un temps proportionnel au courant dépensé.

Dans le **Compteur Blondlot**, les déviations de l'électrodynamomètre sont enregistrées toutes les cinq minutes au moyen d'une horloge qui, chaque fois, ramène à zéro l'aiguille reliée à la bobine mobile et ferme en même temps le circuit d'un électro-aimant dont l'action magnétique a pour effet de rendre l'axe de rotation de la bobine mobile solidaire de l'axe primaire du totalisateur. Chaque fois que la bobine est ramenée à zéro, sa déviation se trouve ainsi enregistrée.

Compteur Clerc-Mildé. — Toutes les minutes, une horloge produit un contact momentané fermant pendant quelques secondes le circuit en dérivation d'un wattmètre. L'axe de la bobine mobile de ce dernier porte, à l'une de ses extrémités, un cliquet qui, pendant la déviation, mord sur la jante d'une roue commandant le totalisateur. Pendant le retour, le cliquet glisse sur cette roue et ne l'actionne plus. La roue progresse donc toujours dans le même sens et proportionnellement à la quantité d'énergie consommée.

CHAPITRE VI

LES ENREGISTREURS

Un enregistreur se compose essentiellement d'un instrument de mesure (ampèremètre, voltmètre ou wattmètre, suivant qu'il s'agit de contrôler l'intensité, la force électromotrice ou l'énergie) dont l'aiguille, au lieu de se déplacer simplement devant un cadran gradué sans laisser trace de ses indications, porte à son extrémité une plume servant à inscrire tous ses mouvements sur une bande de papier entraînée avec une vitesse uniforme.

Sur cette bande de papier, généralement enroulée autour d'un cylindre auquel un mouvement d'horlogerie fait accomplir une révolution dans un temps déterminé, deux sortes de lignes ont été tracées au préalable (voir fig. 44). Les unes, parallèles au sens de l'entraînement de la feuille, indiquent les valeurs successives de l'élément à mesurer et correspondent aux divisions marquées sur le cadran des instruments de mesure ordinaires. Elles sont d'ailleurs graduées d'une façon empirique pour chaque appareil, à la suite d'un étalonnage : ce sont les *ordonnées*. Les autres lignes, perpendiculaires aux précédentes et régulièrement espacées, sont les *abscisses*. Elles marquent les divisions du temps et font ainsi connaître le moment où se sont produites les diverses variations de l'élément à contrôler. Sur les feuilles des enregistreurs représentés fig. 44, 45 et 46, les abscisses sont des lignes courbes, parce que l'aiguille en se déplaçant décrit un arc de cercle et que ces lignes doivent nécessairement être parallèles au sens de ce déplacement.

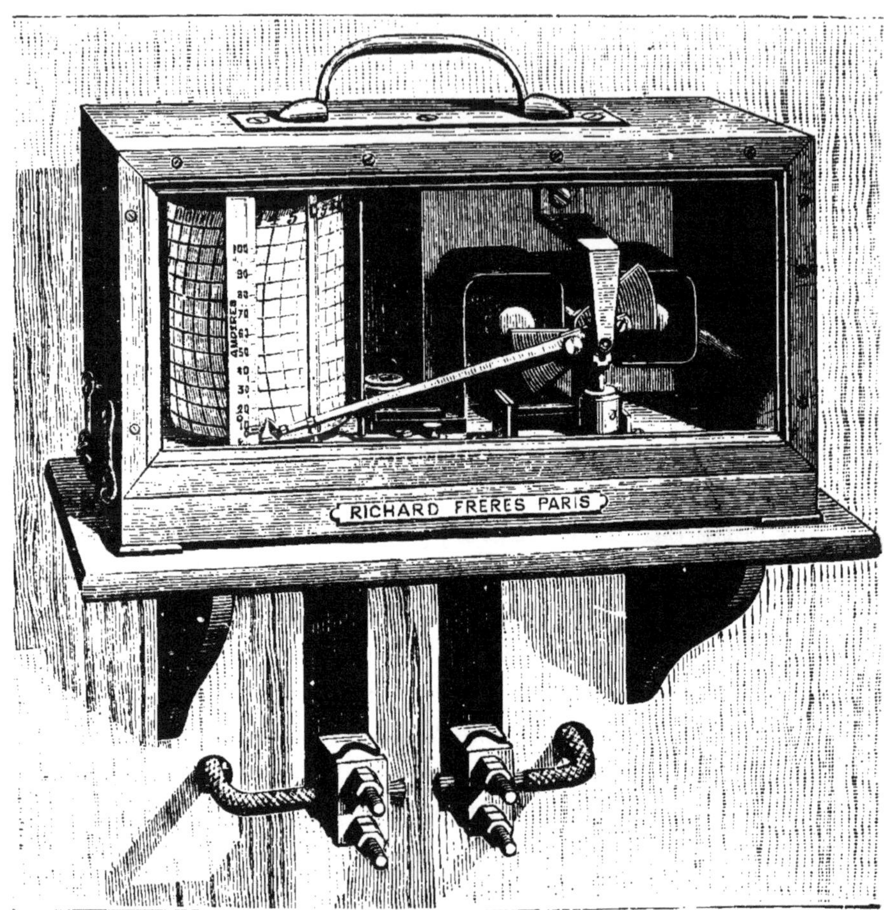

Fig. 44. — Ampèremètre-enregistreur Richard.

Nous décrirons rapidement les dispositifs particuliers réalisés par les différents constructeurs.

Les **Enregistreurs Richard** ont pour organe essentiel un électro-aimant dont l'armature est constituée par une pièce de fer doux en forme d'hélice à deux ailes tournant autour d'un axe sur lequel sont fixés un contrepoids et une longue aiguille terminée par la plume destinée à tracer la courbe.

Lorsque le courant passe, l'hélice est attirée et tourne autour de son axe, jusqu'à ce que l'attraction électromagnétique et le contrepoids se fassent équilibre.

La fig. 44 représente l'ampéremètre-enregistreur Richard. On voit que le circuit de l'électro-aimant est con-

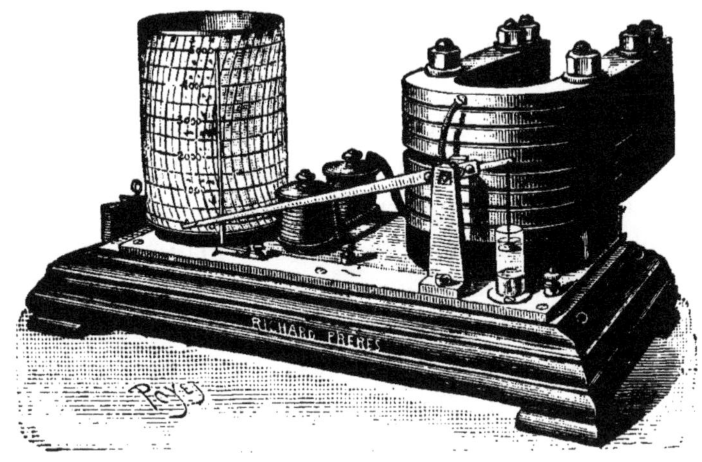

Fig. 45. — Wattmètre-enregistreur Richard.

stitué par une bande de cuivre enroulée autour de chacune des deux branches de fer doux. Le voltmètre pour courants continus est identique, avec cette seule différence que les bobines de l'électro sont entourées d'un fil fin et de grande longueur. Dans le voltmètre pour courants alternatifs, le circuit traverse un long fil de platine et l'échauffe. La dilatation en résultant est utilisée de façon à commander les déplacements de l'aiguille.

Le même constructeur a également établi des wattmètres enregistreurs. La fig. 45 représente le modèle de

5,000 ampères et 110 volts, soit 550,000 watts. Le circuit en série est constitué par huit barres de cuivre en forme d'U réunies en quantité par des boulons et légèrement espacées les unes des autres pour diminuer l'échauffement. Le circuit en dérivation parcourt une bobine à fil fin calée sur le même axe que le levier portant le stylet enregistreur qu'elle actionne. Ce même circuit traverse aussi une résistance additionnelle formant deux bobines que l'on voit sur le milieu du socle. Un piston plongeant dans de la glycérine sert d'amortisseur. Il empêche les mouvements brusques du levier et le rend apériodique.

Enregistreurs Chauvin et Arnoux. — Uniquement destinés aux courants continus, ils se composent (fig. 46) d'un cadre galvanométrique mobile constitué par un conducteur (dont la section varie suivant le type de l'instrument) enroulé sur un anneau en cuivre pur servant d'amortisseur. Ce cadre, pivoté entre deux pointes engagées dans des crapaudines en pierres fines, peut osciller autour d'un cylindre de fer doux fermant le circuit magnétique d'un puissant aimant permanent dont le champ est suffisamment homogène pour assurer la proportionnalité des déviations du cadre avec l'intensité du courant qui le traverse. Le courant est amené au cadre par deux ressorts spiraux en métal diamagnétique armés l'un contre l'autre, de façon à assurer la fixité du zéro.

Malgré la faible dépense spécifique (0 watt 02) les forces en jeu suffisent pour assurer un tracé exact, grâce à l'emploi d'une plume-molette n'entravant en rien les mouvements du cadre mobile.

Cette plume est constituée par deux coquilles montées sur un même axe pivoté entre pierres. Les deux coquilles forment un récipient dont le plan médian est occupé par une rondelle de matière poreuse laissant passer l'encre au fur et à mesure des besoins. Cette rondelle, toujours imbibée de l'encre contenue dans les coquilles, est seule en contact avec le papier et trace par roulement (et non pas par frottement) un trait délié suivant son propre plan. La molette ne peut ainsi être arrêtée par les rugosités du papier, ce qui laisse au cadre toute liberté de se déplacer sous l'influence des moindres variations du courant. Le même appareil peut fonction-

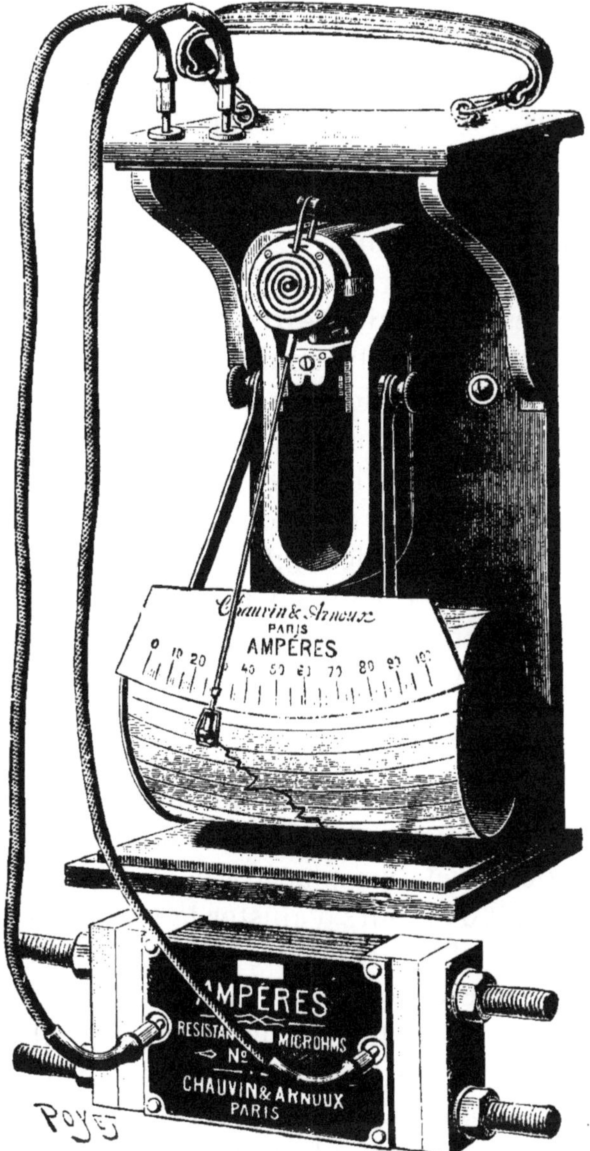

Fig. 46. — Enregistreur Chauvin et Arnoux.

ner avec des sensibilités très différentes, selon le genre de mesure que l'on a à effectuer. A cet effet, on peut intercaler dans le circuit des voltmètres différentes bobines de résistance déterminée ; avec les ampèremètres, on peut faire usage de shunts étalonnés et interchangeables.

Notre dessin représente un ampèremètre enregistreur muni d'un shunt.

Les **Enregistreurs Hartmann et Braun** se composent d'un galvanomètre de Kohlrausch à ressort fortement amorti, dont le noyau de fer doux est muni d'une plume se déplaçant en face d'un tambour mû par un mouvement d'horlogerie. Ce tambour porte une feuille de papier avec divisions correspondant aux heures. Ces divisions sont des lignes droites verticales, la plume se déplaçant de haut en bas, suivant une direction rectiligne et non pas en décrivant un arc de cercle.

Le galvanomètre à ressort de Kohlrausch reçoit ici une application très heureuse parce que, étant donné les forces efficaces relativement grandes qui sont mises en jeu, on n'a pas à craindre que le frottement de la plume sur le papier nuise sensiblement à l'exactitude des indications. Une vis, placée à la partie supérieure du ressort, permet d'ailleurs d'ajuster la pointe de la plume de façon qu'elle effleure à peine le cylindre, l'encre se déposant alors sur le papier par capillarité.

Au moyen de vis calantes et d'un fil à plomb, on peut assurer la position verticale de l'appareil, pour que l'introduction du noyau de fer doux dans le solénoïde s'effectue sans aucun frottement.

La fig. 47 représente le voltmètre enregistreur. Le solénoïde est constitué par un fil fin de grande longueur, en série avec une résistance additionnelle. L'ampéremètre est identique, sauf, bien entendu, en ce qui concerne la longueur et la section du fil.

Fig. 47. — Voltmètre-enregistreur Hartmann et Braun.

Les mêmes constructeurs ont aussi combiné les deux instruments dans la même boîte, enregistrant ainsi sur une bande de papier unique l'intensité et le voltage. Les enregistreurs Hartmann et Braun peuvent être appliqués aux courants continus et alternatifs, avec cependant une légère différence dans l'étalonnage.

Lorsqu'un enregistreur est utilisé comme compteur, une opération postérieure au tracé de la courbe est indispensable; c'est l'*intégration*, que l'on obtient en déterminant l'aire du diagramme, c'est-à-dire la surface limitée d'une part par la ligne du zéro et de l'autre par le trait que la plume a tracé. Un calcul préalable, sorte d'étalonnage, établit à combien d'ampères-heures, de volts-heures ou de watts-heures correspond, pour chaque instrument, une aire déterminée.

Pour obtenir rapidement l'aire d'un diagramme, on se sert généralement d'un *planimètre*.

Les planimètres ordinaires sont fondés sur l'emploi d'une roulette qui doit glisser et rouler sur le papier en proportion de l'inclinaison des lignes formant le périmètre du diagramme. Dès lors, le total des tours de la roulette dépend de la surface plus ou moins lisse du papier, de sorte que le chiffre indiqué peut varier sensiblement suivant l'état de cette surface, et tous ceux qui ont eu l'occasion de s'en servir savent à combien d'erreurs exposent ces instruments.

Cet inconvénient est évité avec le planimètre Richard (fig. 48) fondé sur la rotation d'une roulette laminée entre deux plateaux à ressorts.

Pour trouver l'aire limitée par la courbe tracée sur une feuille, on place celle-ci sur le cylindre de l'appareil et l'on ramène à zéro toutes les aiguilles du totalisateur. Puis, tenant dans la main droite le bouton de l'index et le maintenant buté contre la partie inférieure du cylindre, on tourne la petite manivelle jusqu'à ce que l'une des ordonnées passant par un point quelconque de la courbe vienne se présenter sous l'index. On marque d'un coup de crayon le point de départ et, après y avoir amené l'index, on tourne la manivelle, soit dans un sens soit dans l'autre, en suivant la courbe jusqu'à ce qu'on soit revenu au point de départ. A ce moment, on ramène

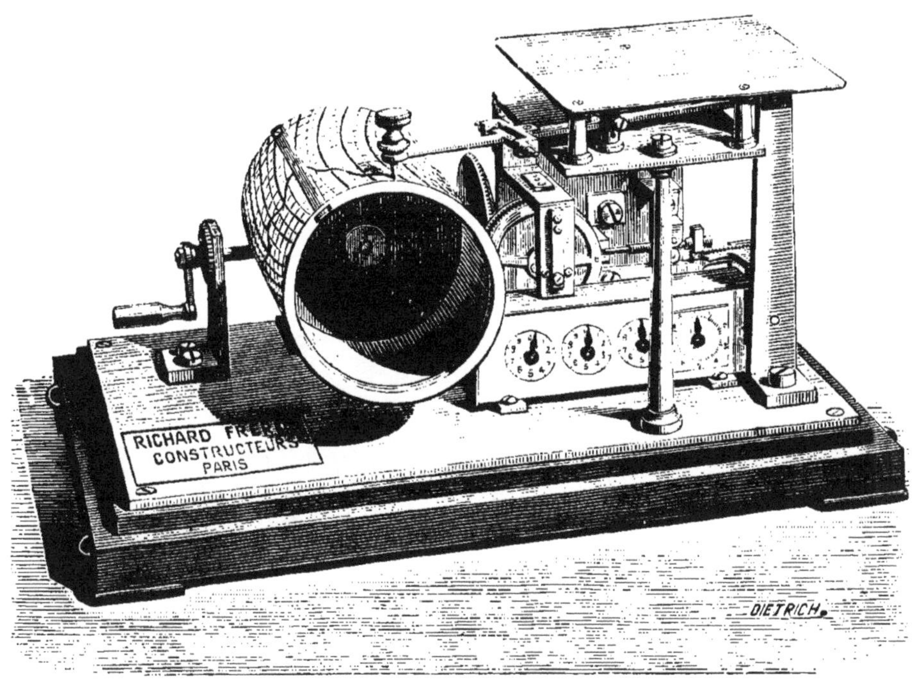

Fig. 48. — Planimètre Richard.

l'index contre sa butée inférieure et on lit sur les cadrans l'aire du diagramme en millimètres carrés.

Le maniement de cet appareil, auquel on ne pourrait reprocher que son prix assez élevé, est extrêmement simple, et ses indications sont indépendantes de l'état du papier.

On peut aussi opérer l'intégration par une pesée. A cet

effet, on découpe la partie de la feuille limitée par la ligne du zéro et par la courbe tracée, et on la pèse aussi exactement que possible. Il suffit d'avoir calculé au préalable et une fois pour toutes à quelle consommation correspond un poids déterminé. Cette méthode est pourtant délicate et exige un papier très homogène. Aussi nous contentons-nous de la signaler en passant, nous gardant bien de la conseiller.

CHAPITRE VII

EMPLOI DES COMPTEURS

Nous venons de décrire les principaux dispositifs mécaniques à l'aide desquels sont appliquées les différentes méthodes qui existent pour déterminer la consommation de l'énergie électrique. Il nous reste à indiquer de quelle façon ces appareils doivent être employés.

Et d'abord quel genre de compteur employer ?

Au premier abord, la question ne laisse pas d'être assez embarrassante, car, en présence des nombreux appareils qui lui sont proposés — chacun d'eux étant le plus parfait de tous, au dire de son constructeur — le directeur d'une station électrique peut rester perplexe.

Or, la multiplicité même des méthodes proposées suffit pour prouver qu'aucune d'elles ne résout encore d'une façon complète et définitive le problème de la connaissance exacte de la consommation électrique. Parmi les compteurs précédemment décrits, plusieurs fournissent une solution suffisamment approchée et dont il faut bien se contenter pour le moment, faute de mieux, mais il n'en existe encore aucun de parfait.

Examinons d'abord quelles sont les conditions que tout compteur doit réaliser, au moins dans une certaine mesure.

L'exactitude est la qualité primordiale que doit posséder le compteur. Pour qu'il puisse, en effet, fournir une base sérieuse à l'application du tarif, il est indispensable que ses indications soient rigoureusement proportionnelles à la consommation effective. Cette proportionnalité doit exister sur toute l'échelle des intensités auxquelles l'appareil peut être appelé à fonctionner, depuis le plus petit débit possible jusqu'au plus élevé.

La sensibilité n'est pas moins nécessaire. Le démarrage doit se produire sous faible charge, afin que les débits les plus minimes puissent être enregistrés. Il peut arriver, en effet, que dans une installation composée de 25 à 30 lampes, une seule de ces lampes soit allumée (le cas se présente assez fréquemment dans les appartements privés). Le compteur devra pouvoir fonctionner même avec un débit aussi restreint, sans quoi la consommation relativement importante pouvant résulter du fonctionnement prolongé de cette lampe unique ne serait pas accusée.

Le compteur sera assez robuste pour que des déréglages fréquents ne soient pas à craindre, et simple, à cause de la facilité avec laquelle un mécanisme compliqué peut se dérégler, les risques d'avaries croissant en raison directe de la multiplicité des organes.

Il importe que le passage du courant n'échauffe outre mesure aucune des différentes pièces, et surtout que des étincelles de rupture ne s'y produisent jamais, car il en résulterait une usure rapide des contacts, et certains isolants pourraient fondre ou prendre feu.

Il faut, de plus, que le compteur ne soit pas influencé par les variations de la température ambiante ou de la pression atmosphérique et que ses indications ne puissent pas être faussées par des effets d'induction résultant du voisinage de conducteurs électriques.

Ajoutons que le prix d'achat doit entrer en ligne de compte, surtout lorsqu'il s'agit de petites installations, et que la station a le plus grand intérêt à s'assurer que le mécanisme ne se prête à aucune tentative de fraude de la part de l'abonné, ce dernier pouvant parfois être tenté de diminuer sa dépense sans réduire sa consommation.

Un autre élément à considérer est la quantité de courant que le compteur absorbe uniquement pour son propre fonctionnement. La somme d'énergie électrique ainsi dépensée en pure perte reste à la charge de l'usine et, lorsque le nombre des compteurs en fonctionnement est assez considérable, la dépense en résultant est suffisamment importante pour qu'on s'en préoccupe et que l'on élimine les appareils à consommation spécifique trop élevée.

Enfin, on demande parfois aux compteurs de pouvoir servir à mesurer indistinctement et les courants continus et les courants alternatifs. Il existe, en effet, quelques stations centrales — heureusement peu nombreuses — où, par suite d'une double installation, le même abonné reçoit tantôt du courant continu et tantôt du courant alternatif. On ne saurait évidemment trop critiquer un mode de distribution aussi hétérogène, mais enfin lorsque, pour diverses raisons dans le détail desquelles nous n'avons point à entrer, on a été amené à cette combinaison, il faut bien avoir recours à des instruments à deux fins, fussent-ils plus coûteux, plus compliqués et moins exacts que d'autres spécialement construits pour un seul genre de courant.

En indiquant, au cours des chapitres précédents, les avantages et les inconvénients respectifs des divers types que nous avions à décrire, nous avons fait connaître dans quelle mesure chacun de ces appareils réalisait les desiderata que nous venons d'énumérer.

Indépendamment de ces conditions générales, qui sont communes à toutes les catégories de compteurs, le choix de telle ou telle catégorie (compteur de temps, de quantité ou d'énergie) dépend surtout de l'installation à laquelle l'instrument est destiné, du genre d'abonnement souscrit par le consommateur, du nombre plus ou moins grand d'appareils dont ce dernier dispose et de la façon dont ces appareils sont groupés et fonctionnent.

Lorsque l'abonné ne dispose que d'un seul appareil d'utilisation, lorsque, par exemple, son installation est réduite à une lampe unique, le compteur horaire est, sans contredit, celui qui convient le mieux, étant donné son prix très abordable et en tout cas bien inférieur à celui de tout autre genre de compteur. Si l'abonné était dans la nécessité d'employer un instrument compliqué et coûteux pour contrôler la marche d'une seule lampe, le prix d'achat de cet instrument ou la mensualité de sa location seraient exagérés, eu égard à la faible quantité d'énergie consommée, et hors de proportion avec le prix normal de l'éclairage qui se trouverait ainsi par trop majoré. D'autre part, l'usine ne pourrait guère, en pareil cas, prendre à sa charge la fourniture d'un appareil dispendieux, car les recettes provenant d'une installation aussi restreinte ne permettraient pas d'immobiliser un capital relativement important. C'est seulement par l'emploi de ces modestes horloges, dont le prix peut rester inférieur à vingt francs, que la station a la possibilité d'acquérir un nombre respectable de petits abonnés dont la consommation totale finit par constituer une source de recettes qui est loin d'être négligeable.

La même solution s'applique au cas d'une installation comprenant un groupe d'appareils fonctionnant toujours simultanément. Dans ce cas, en effet, le produit IE reste encore pratiquement constant et il suffit de connaître la durée de fonctionnement.

Un compteur horaire suffit également dans une installation composée de deux ou plusieurs lampes de même intensité, mais disposées de telle sorte que l'abonné ne puisse jamais en allumer qu'une seule à la fois, de façon à ne payer, pour chaque heure d'éclairage, que le prix correspondant à la marche d'une lampe unique. Dans ce cas, l'allumage de l'une ou l'autre lampe est obtenu par la manœuvre d'un commutateur à deux ou plusieurs directions et le compteur est branché sur la canalisation principale, avant le commutateur. Afin que l'abonné ne puisse pas faire fonctionner deux lampes à la fois en réunissant par un fil ou une lame métalliques les deux plots de contact du commutateur, ce dernier est muni d'un couvercle ne laissant à la portée de la main que la clé de manœuvre et retenu contre le socle par une attache plombée évitant toute espèce de fraude.

Lorsqu'une installation comprend deux, trois ou même quatre groupes d'appareils, les appareils d'un même groupe marchant toujours ensemble, on peut employer plusieurs compteurs-heures, un pour chaque groupe.

Enfin les compteurs horaires servent parfois à contrôler la durée de fonctionnement de certains appareils dans une installation importante dont un compteur général enregistre la consommation totale. C'est ainsi que, dans certains hôtels, un compteur-heures correspondant à chaque chambre indique la dépense de courant faite par chaque voyageur.

Le même moyen de contrôle est adopté sur les paquebots, pour les lampes placées dans les cabines et mises à la disposition des passagers.

D'une façon générale, l'emploi des compteurs de temps repose sur cette hypothèse que, dans la consommation de l'énergie électrique, les facteurs I et E ne varient pas sensiblement, l'abonné payant alors, pour chaque heure de fonctionnement, une somme déterminée dans la police d'abonnement et proportionnée au débit normal des appareils d'utilisation dont il dispose. Dans ces conditions, il importe que l'abonné ne change pas le débit prévu au contrat, en substituant aux appareils convenus d'autres appareils consommant davantage et que, ayant par exemple souscrit pour une lampe de dix bougies, il ne remplace celle-ci par une lampe de seize ou de trente bougies.

Pour rendre toute fraude impossible, trois moyens ont été proposés :

1° Exercer une surveillance active chez tous les abonnés. Cette solution n'est pas pratique, car elle serait très onéreuse pour l'usine et vexatoire pour l'abonné, tout en restant presque toujours inefficace ;

2° Mettre l'abonné dans l'impossibilité de changer lui-même ses lampes sans que les employés de l'usine s'en aperçoivent. Il suffit de réunir, à cet effet, chaque lampe et sa douille par un fil muni d'un cachet ou d'un plomb de sûreté qu'il faut nécessairement briser pour remplacer la lampe. Ce moyen est efficace, mais il présente un inconvénient : lorsque la lampe s'éteint subitement par suite de la rupture du filament, l'abonné ne peut pas effectuer lui-même le remplacement de l'ampoule ainsi mise hors d'usage. Il est obligé d'avoir recours aux employés de la station et de rester privé de lumière jusqu'à leur arrivée ;

3° Limiter automatiquement le débit en intercalant dans le circuit de l'installation un disjoncteur qui met obstacle à toute consommation excédant celle prévue au contrat. Le principe des appareils créés dans ce but est très simple.

Le fléau AB (fig. 49) ayant en O son point d'appui porte, d'une part, un noyau de fer doux N pénétrant dans le solénoïde S et, d'autre part, une pointe de fer P plongeant dans un godet à mercure M. Un ressort antagoniste R, dont une vis V permet de régler la tension d'après le débit maximum, maintient la pointe métallique dans le mercure. Dès que le débit dépasse les limites pour lesquelles l'appareil a été réglé, l'attraction du noyau dans le solénoïde n'étant plus équilibrée par le ressort, la pointe est soulevée hors du mercure et le circuit est interrompu. La pointe retombe alors, puis est soulevée à nouveau et il en résulte une série d'extinctions rendant l'éclairage insupportable.

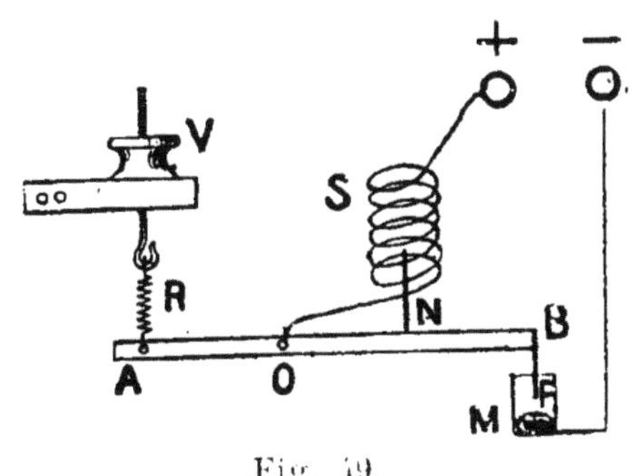

Fig. 49.

Dès qu'une installation comporte un certain nombre d'appareils d'utilisation pouvant être appelés à fonctionner tantôt ensemble et tantôt isolément, le compteur horaire ne suffit plus, car il ne serait pas pratique de multiplier les compteurs outre mesure, l'emploi de ces derniers devenant alors très onéreux et compliquant singulièrement l'opération des relevés de consommation.

Il faut alors nécessairement recourir au compteur de quantité (d'intensité ou de potentiel, selon le mode de distribution) ou bien au wattheure-mètre. A quelle catégorie s'arrêter de préférence ?

Le wattheure-mètre, ou compteur d'énergie électrique proprement dit, a, certes, des avantages sérieux car, *lorsqu'il marche bien*, il renseigne mieux que tout autre sur la consommation vraie, effective, de l'abonné, puisqu'il tient compte de chacun des éléments de cette consommation. Mais, bien que dans certains cas il puisse constituer un précieux moyen de contrôle, nous n'hésitons pas à affirmer que ce n'est pas là l'instrument à employer couramment dans une exploitation industrielle ayant pour objet la distribution de l'énergie électrique. En voici les principales raisons :

Tout d'abord, le wattheure-mètre est un appareil coûteux, inconvénient très sérieux pour l'abonné qui doit le payer et que cette dépense peut souvent faire reculer. C'est ensuite un instrument assez compliqué et délicat, ce qui multiplie forcément les causes d'erreurs et de déréglages. D'autre part, l'enroulement en fil fin de la dérivation servant à enregistrer le potentiel absorbe toujours, au détriment de l'usine et en pure perte, même quand rien ne fonctionne dans l'installation, une certaine quantité de courant, très faible, il est vrai, pour chaque appareil pris isolément, mais qui est pourtant à considérer dans le cas où un grand nombre de compteurs sont en fonctionnement. Ajoutons à cela qu'un excès de voltage, toujours possible, peut brûler cette bobine en fil fin, et mettre ainsi le mécanisme hors d'usage ou nécessiter, tout au moins, une réparation importante.

Enfin, dans le cas d'un montage à trois fils, la manière dont les connexions du wattmètre sont faites d'ordinaire facilite singulièrement la fraude. On peut s'en rendre compte par le schéma ci-joint (fig. 50) représentant le branchement et la disposition respective du compteur et des appareils d'utilisation que nous supposons être des lampes L L'. En C et C' sont les coupe-circuits d'entrée, protégeant toute l'installation. On voit que, si l'abonné enlève le fusible C', aucun courant ne pourra passer dans la dérivation R ; il passera seulement dans la bobine en série I et le compteur ne démarrera pas, même si toutes les lampes L branchées entre — et O sont allumées. L'abonné a ainsi la possibilité de faire fonctionner toute une moitié de son installation sans que le compteur accuse la moindre dépense et sans que rien révèle la supercherie, une fois le fusible remis en place.

Mettre les coupe-circuits après le compteur serait exposer ce dernier à des avaries graves en cas de court-circuit. Pour éviter la fraude, il faudrait sceller d'un cachet de sûreté chacun des coupe-circuits. Mais alors, si un plomb vient à fondre, l'abonné ne peut en faire lui-même le remplacement; il se trouve obligé d'avoir recours au personnel de l'usine et de rester privé de lumière en attendant son arrivée, d'où dérangement et perte de temps de part et d'autre. On pourrait aussi faire usage de coupe-circuits magnétiques bi-polaires, tels que le *disjoncteur Volta*. Ces appareils peuvent être connectés de telle sorte que l'interruption du courant se produise nécessairement sur les deux ponts en même temps, mais ils sont d'un prix assez élevé.

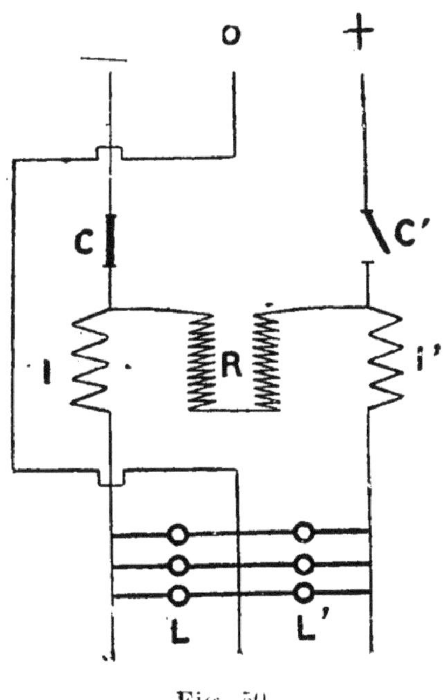

Fig. 50.

Ces inconvénients ne sont pas à craindre avec le compteur d'intensité qui, généralement, ne comporte aucun enroulement en dérivation et n'absorbe point de courant à l'état de repos. Il est vrai qu'il n'intègre pas, comme le wattheure-mètre, le produit $\int I E \, dt$ et qu'il donne seulement $\int I \, dt$. Mais n'est-ce pas suffisant ?

Le compteur d'intensité, avons-nous dit dans le premier chapitre de cet ouvrage, reçoit son application dans le cas d'une distribution d'énergie à potentiel constant. Or, dans ce cas, la régularité du voltage est une condition essentielle de bon fonctionnement pour les lampes et autres appareils. Ainsi, toute variation notable de la force électromotrice constitue un vice de marche imputable à l'usine et celle-ci nous paraîtrait singulièrement méconnaître ses obligations et outrepasser ses droits, si elle prétendait faire payer à l'abonné un supplément de prix correspondant à un excès de voltage et tarifer les irrégularités qu'elle n'aurait pas su éviter. Il ne faut pas perdre de vue que les excès de voltage peuvent compromettre l'installation tout entière et que, dans tous les cas, ils ont pour effet certain de hâter l'usure des lampes dont le remplacement est laissé d'ordinaire à la charge de l'abonné.

Il serait plus équitable, croyons-nous, que les compteurs fussent organisés de façon à n'enregistrer que l'énergie livrée dans des conditions rationnelles de bon fonctionnement et que le mécanisme totalisateur ne pût intégrer la consommation que lorsque le voltage resterait maintenu à sa valeur normale — avec une certaine tolérance, bien entendu — de telle sorte que les variations de tension auraient pour résultat d'arrêter un instant la totalisation des coulombs ou des wattheures dépensés.

L'abonné bénéficierait ainsi d'une certaine réduction de prix correspondant aux irrégularités de marche et n'aurait pas à payer l'énergie fournie dans des conditions défectueuses.

Le compteur Cauderay, ainsi que nous l'avons vu, satisfait en partie à ces conditions, puisqu'il ne fonctionne que lorsque le potentiel atteint une certaine valeur, déterminée une fois pour toutes par un réglage préalable.

Dans le cas d'une distribution à intensité constante, les motifs énumérés plus haut nous feraient adopter le volt-heure-mètre de préférence à tout autre, car, là encore, il nous semble au moins inutile d'enregistrer et de faire payer les variations de l'élément qui, en bonne règle, ne devrait pas varier.

Quant aux enregistreurs, ils sont généralement placés dans l'usine même et servent surtout à contrôler la marche journalière. Ils peuvent néanmoins être avantageusement employés comme compteurs dans des installations très importantes où ils font connaître, non seulement la dépense totale, mais aussi la consommation de chaque moment, fournissant ainsi à l'abonné et au producteur des renseignements précieux.

Enfin, il est des cas où les exigences de l'exploitation nécessitent des dispositions spéciales dont nous devons tout au moins indiquer brièvement le principe.

Certaines stations centrales sont amenées à établir deux ou trois tarifs différents, suivant que la consommation de l'énergie électrique a pour objet l'éclairage, le chauffage ou la force motrice.

Pour éviter l'emploi de deux ou trois compteurs, chacun pour un genre de consommation particulier, on a songé à faire enregistrer par un seul mécanisme et sur le même cadran la dépense de l'énergie distribuée à des prix différents.

Le dispositif imaginé par M. Cooper et appliqué au compteur Thomson est des plus simples. Une seule dérivation est prise sur la ligne, mais elle est divisée dans l'appareil en autant de circuits qu'il y a de tarifs et chacun de ces circuits traverse des bobines inductrices combinées de telle façon que l'effet moteur produit par une quantité d'électricité déterminée soit proportionnel au tarif correspondant. Dans ces conditions, il suffit que les différents circuits soient séparés les uns des autres à partir du compteur, pour que leurs dépenses respectives s'ajoutent sur le même cadran avec leur valeur propre.

Si l'on utilise, par exemple, dans le même local, l'éclairage à 0 fr. 12 l'hectowattheure et la force motrice à 0 fr. 07, les deux dépenses faites ensemble ou séparément seront toujours enregistrées à leur valeur sur le même cadran, d'où la nécessité d'un seul branchement extérieur et d'un compteur unique, là où il en aurait fallu deux ou plusieurs.

Parfois aussi, le tarif change, non plus avec l'objet de la consommation, mais suivant l'heure de la journée. L'importance des capitaux engagés oblige, en effet, les compagnies d'électricité à utiliser leur matériel sans interruption, autant que possible, et pour avoir une utilisation suffisante de ce matériel, elles consentent fréquemment à faire bénéficier d'une certaine réduction de prix la consommation effectuée pendant les heures de faible débit. Dans ce but, on peut adjoindre à un compteur d'énergie le **régulateur Hermand.**

Cet appareil a été construit surtout dans le but de produire, automatiquement et à des heures déterminées, l'allumage et l'extinction des lampes à forfait. Il consiste en un mouvement d'horlogerie fonctionnant de la même façon que les réveille-matin. Le réglage se fait en amenant une aiguille blanche en regard de l'heure d'allumage et une aiguille noire sur l'heure de l'extinction. Appliqué aux tarifs variables, ce régulateur est disposé de la manière indiquée, fig. 51, avec un compteur Thomson.

Dans le circuit en dérivation de l'induit est intercalée une résistance additionnelle R. AD calculée de façon à

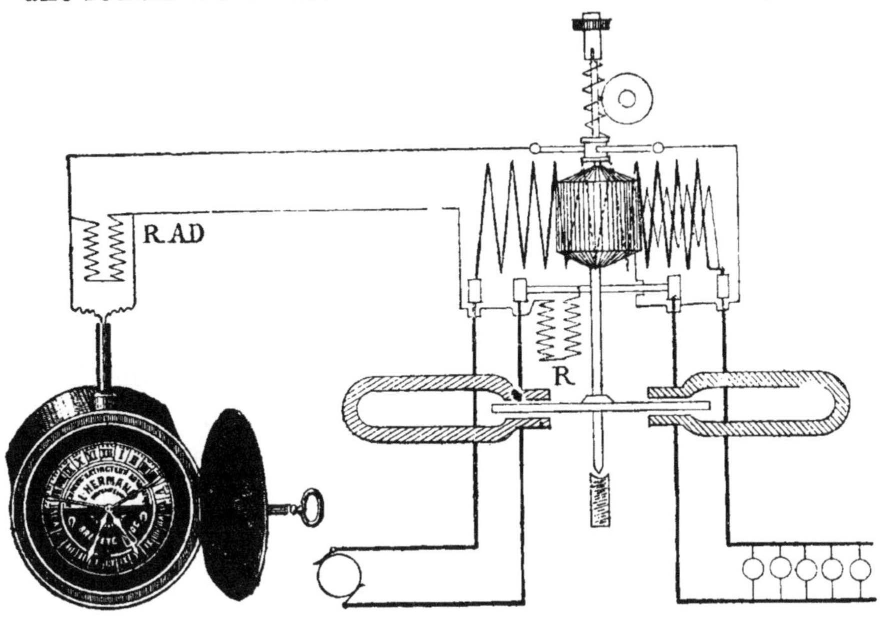

Fig. 51.
Régulateur Hermand combiné avec un compteur Thomson.

produire sur le moteur un ralentissement proportionné à la réduction du tarif pendant la journée. Pendant les heures de plein tarif, un contact produit par le mouvement d'horlogerie met la résistance additionnelle en court-circuit et le compteur fonctionne alors avec sa vitesse normale. Les heures de plein tarif et de tarif réduit sont déterminées par le réglage des deux aiguilles, absolument comme les heures d'allumage et d'extinction en cas d'abonnement à forfait. Le mécanisme est enfermé dans une boîte en fonte à fermeture de sûreté.

L'avantage que les usines électriques trouvent dans l'utilisation aussi complète que possible de leur matériel a donné lieu à d'autres combinaisons que nous allons essayer d'expliquer en peu de mots.

On a d'abord songé à faciliter la consommation en accordant des rabais proportionnés à la dépense totale faite en un an par l'abonné et sans tenir compte du nombre de lampes mises à sa disposition. Cette solution, favorable surtout aux grandes installations, est conforme aux habitudes commerciales; elle n'est pourtant pas rationnelle dans le cas actuel.

On ne saurait, en effet, assimiler la production et la vente de l'énergie électrique à celles du gaz, qui peut être fabriqué d'une façon régulière et continue pendant toute la journée et emmagasiné dans des réservoirs, pour être ensuite débité à n'importe quel moment et de n'importe quelle manière, selon les besoins des consommateurs.

Le rendement médiocre de l'accumulateur électrique et son prix excessif ne permettent point encore d'en généraliser l'emploi, et les stations centrales, obligées de produire ce que les abonnés consomment, au fur et à mesure de leurs besoins, sont dans la nécessité de posséder un matériel et d'employer un personnel suffisants pour pouvoir obtenir instantanément, le cas échéant, une quantité de courant correspondant au débit maximum de toutes les installations réunies.

Il ne suffit donc pas d'envisager la consommation totale de chaque abonné. Il faut encore considérer la façon dont fonctionnent ses appareils d'utilisation et l'importance du matériel que l'usine engage pour en assurer le fonctionnement.

Prenons le cas, par exemple, de trois abonnés consommant annuellement la même quantité d'énergie, tout en ayant des installations très différentes.

Le premier de ces abonnés a 200 lampes, dont la plupart sont répandues dans des salles de réception et ne sont allumées qu'en de rares occasions.

Le deuxième en a 100, qui fonctionnent chacune en moyenne deux heures par jour.

Enfin, le troisième n'a que 10 lampes éclairant un sous-sol où elles ne sont jamais éteintes.

Bien que les recettes fournies par ces trois abonnés soient égales, il est évident que le dernier, dont les besoins sont réguliers et uniformes, est beaucoup plus avantageux pour la station que le premier, qui nécessite un matériel vingt fois plus important et très rarement utilisé. Il ne serait donc ni rationnel ni économique d'accorder la même bonification à ces trois abonnés.

On a cru tourner la difficulté, soit en exigeant un minimum de consommation pour chaque lampe placée, soit en faisant varier avec l'importance de l'installation le chiffre au delà duquel il est fait application du tarif réduit. Il est certain que l'abonné trouve ainsi avantage à utiliser ses lampes le plus possible. Mais, par contre, il est amené à limiter son installation électrique aux lampes dont il a besoin d'une façon presque constante et préfère, parfois, conserver le gaz, le pétrole ou la bougie pour l'éclairage momentané des passages, escaliers, water-closets, cabinets de toilette et même des chambres à coucher, malgré l'incommodité et les inconvénients de toutes sortes inhérents à ces luminaires primitifs. Cette solution n'est par conséquent pas favorable à l'extension des affaires des stations centrales.

M. Arthur Wright a étudié un mode de taxe qui a donné

les meilleurs résultats partout où il a été appliqué et qui est fondé sur le principe suivant :

L'importance du matériel que l'usine est obligée d'avoir pour être toujours en mesure de satisfaire aux besoins de l'abonné est déterminée, non pas par le nombre de lampes que ce dernier a fait installer, mais par l'intensité du courant qui lui est réellement fourni dans les instants de sa plus forte consommation. Il faut donc, avant tout, assurer la rémunération des *charges fixes* (capital engagé et frais de personnel) correspondant à ce maximum.

Les expériences faites à Brighton en 1892 ont établi qu'à raison de 0 fr. 75 le kilowattheure, lorsque l'abonné a consommé une quantité d'énergie équivalant à son maximum utilisé pendant deux heures par jour en moyenne, les charges fixes sont couvertes en ce qui le concerne et que le surplus peut lui être vendu à moitié prix.

La *Brighton Corporation* a appliqué ce genre de taxe dès 1893. Au bout de six mois, quarante pour cent environ des abonnés profitaient du tarif réduit et, grâce à ce stimulant, le facteur de charge a si bien augmenté que la Corporation a pu réduire de deux à une heure par jour la stipulation relative à la durée d'emploi du courant maximum. Le prix de 0 fr. 75 le kilowattheure n'est plus applicable qu'aux 365 premières heures (pour chaque année) de l'utilisation du débit maximum. Tout l'excédent est tarifé à raison de 0 fr. 36, en attendant qu'il soit abaissé à 0 fr. 31 et même à 0 fr. 21 (1).

Cette combinaison, adoptée d'abord à Brighton, puis dans seize autres villes anglaises, nécessite la connais-

(1) Ces détails sont empruntés à l'*Industrie électrique*.

sance exacte du débit maximum chez chaque abonné. C'est pourquoi on intercale dans le circuit du compteur ordinaire un ampèremètre à *maxima*.

L'Indicateur Wright, construit par la « Reason Manufacturing Company », de Brighton, remplit parfaitement ce but. La fig. 52 en donne le schema.

Le courant traverse un fil en platinoïde enroulé autour d'une ampoule de verre A. Cette dernière est soudée à un tube en U rempli d'un liquide coloré. Ce tube communique, à sa partie supérieure de droite, avec une deuxième ampoule B et avec un autre tube C vertical, également en verre, muni d'une graduation.

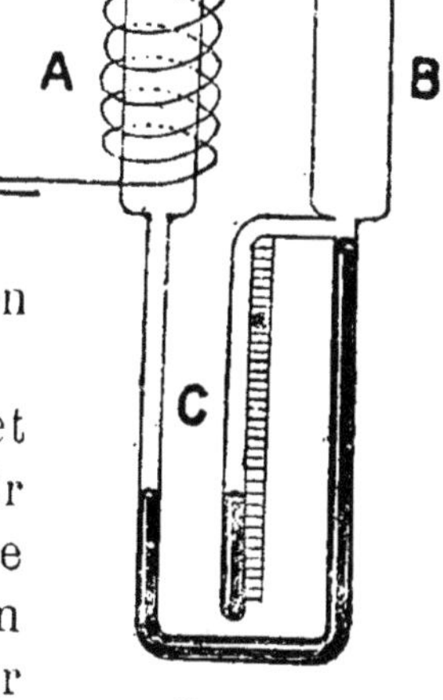

Fig. 52.
Indicateur Wright.

Le passage du courant a pour effet d'échauffer le fil et de dilater l'air contenu dans l'ampoule A. Le liquide est refoulé dans le tube et s'écoule en partie dans la branche C où la hauteur qu'il atteint indique le débit maximum. L'air contenu dans l'ampoule B crée une résistance qui sert d'amortisseur; il empêche le liquide de tomber par saccades et en trop grande quantité.

Pour remettre l'instrument à zéro, il suffit de le faire tourner autour d'un axe horizontal, de façon à ramener le liquide dans la branche de droite.

L'ensemble que nous venons de décrire est renfermé dans une boite vitrée permettant à l'abonné de se renseigner à tout instant sur la marche de son installation et de connaître la taxe qui lui sera appliquée.

Supposons que le maximum indiqué au bout de plusieurs mois soit de 20 ampères. Le courant étant distribué sous 100 volts, l'abonné devra payer les 730 premiers kilowattheures à raison de 0 fr. 75. Le surplus ne lui sera compté que 0 fr. 36 le kilowattheure. Si donc sa consommation annuelle atteint, par exemple, 1,555 kilowattheures, son compte sera établi de la manière suivante :

730 kilowattheures,	à 0 f. 75.	547 f. 50
825 —	à 0 f. 36.	297 »
1555	TOTAL. . . .	844 f. 50

Il ne suffit pas d'avoir su choisir en connaissance de cause, parmi les nombreux appareils proposés, celui qui convient mieux que tout autre au genre d'installation auquel il est destiné. La façon dont on se sert du compteur a une importance capitale et tel instrument, susceptible de donner d'excellents résultats lorsqu'il est confié à un personnel suffisamment dressé à ce service, pourra, au contraire, devenir une source continuelle de réclamations et de discussions dues à sa marche irrégulière et à ses indications plus ou moins fantaisistes, si l'on ne sait pas apporter dans son emploi tous les soins nécessaires. Il ne faut pas perdre de vue que le compteur d'électricité est toujours un appareil délicat et que confier un instrument de précision à des mains inexpérimentées et maladroites serait s'exposer à toutes sortes de désagréments, dont l'obligation de remplacer à bref délai un objet assez coûteux ne serait pas le moindre.

Avant de placer un compteur chez l'abonné, il est utile de le vérifier et d'en faire l'essai à l'usine. On pourra ainsi se rendre compte de son fonctionnement d'une façon plus sûre. On verra, notamment, s'il indique directement la dépense en l'unité adoptée (ampère-heure, hectowattheure, etc.) ou bien si les chiffres accusés doivent être multipliés par une *constante*. La détermination exacte de cette dernière sera facilitée par ce fait que l'on aura plus facilement sous la main les instruments de mesure, de contrôle et de réglage (ampèremètres, voltmètres, wattmètres, rhéostats, shunts, etc.) nécessités par cette opération dont il est inutile de démontrer l'importance.

Parfois un *bulletin d'essai* accompagne l'appareil; on fera bien de n'en tenir aucun compte, émanât-il du Laboratoire municipal de Paris, car nous en avons eu plusieurs entre les mains dont les indications étaient complètement erronées. Le mieux donc, dans ce cas comme toujours, est de ne s'en rapporter qu'à soi-même.

La mise en place du compteur chez l'abonné doit être effectuée avec soin, car de cette opération dépend souvent le bon fonctionnement de l'appareil. Il est évident, par exemple, que pour les mécanismes ne pouvant pas fonctionner dans toutes les positions, il est indispensable que la mise d'aplomb soit rigoureusement observée. D'ailleurs, sur ce point, les instructions fournies par les divers constructeurs donneront tous les renseignements voulus, la façon de procéder étant naturellement différente pour chaque type d'instrument. On devra se conformer très exactement à ces instructions et prendre minutieusement toutes les précautions indiquées.

L'endroit où le compteur sera placé n'est pas indifférent. On ne peut malheureusement pas toujours choisir l'emplacement le plus convenable et, dans les magasins surtout, on est bien forcé de loger l'appareil où l'on peut. On tâchera néanmoins de le mettre, autant que possible, à l'abri de l'humidité et des intempéries et de le disposer de telle sorte que les cadrans totalisateurs soient facilement accessibles, afin que les relevés puissent être commodément effectués. Ainsi sera évitée une des causes les plus fréquentes des erreurs de lecture.

On fixe généralement le compteur sur un *tableau*, panneau en bois solidement scellé au mur (1) et sur lequel sont également disposés les coupe-circuits d'entrée et l'interrupteur général. Dans le cas d'un wattheuremètre monté à trois fils, il importe d'éviter l'emploi de deux interrupteurs principaux distincts (un pour le + et l'autre pour le —), car le genre de fraude que nous avons signalé page 105, serait alors singulièrement facilité et il est indispensable de faire usage en pareil cas d'un interrupteur unique, bipolaire, afin que l'ouverture et la fermeture des circuits soient forcément produites à la fois sur les deux ponts.

Le *branchement*, la façon dont le compteur doit être connecté avec la ligne et avec l'installation, ne présente aucune difficulté spéciale et n'exige qu'un peu d'attention. Il faut avoir soin de nettoyer les extrémités des fils conducteurs avant de les introduire dans les bornes ou sous les têtes des vis de fixation et de serrer à bloc les connexions pour assurer un bon contact.

Ces opérations terminées, on met en place la capote d'enveloppement, ou bien on ferme la porte de la boîte contenant le mécanisme, puis on scelle l'ouverture par un cachet ou un plomb de sûreté, de façon à rendre im-

(1) Il faut choisir, de préférence, un gros mur ou un mur de refend et non pas une simple cloison, sans quoi les vibrations dues au passage des véhicules dans la rue pourraient accélérer la marche du mécanisme, au détriment de l'abonné, ou même provoquer le démarrage sans qu'aucune lampe soit allumée. Ce dernier cas se produit, notamment, avec les wattmètres dont les bobines en série sont munies d'un *compoundage*.

possible à l'abonné toute manipulation plus ou moins justifiée.

Les relevés de consommation servant à dresser le bordereau de la dépense effectuée par chaque abonné ont lieu périodiquement, une fois par mois en général. A part les enregistreurs, dont nous avons décrit (chapitre VI) la méthode d'intégration, et le voltamètre d'Edison nécessitant les pesées que l'on sait, les compteurs font connaître le chiffre de la consommation au moyen d'une série de cadrans totalisateurs fonctionnant de la façon suivante :

Le mécanisme de l'appareil engrène avec une roue dentée calée sur le même axe que l'aiguille des unités et la fait tourner autour du cadran correspondant. Cet axe à son tour engrène avec une deuxième roue commandant l'aiguille des dizaines. Le nombre des dents disposées autour du premier axe et de la deuxième roue étant respectivement dans la proportion de 1 à 10, il en résulte que lorsque l'aiguille des unités aura fait un tour complet, celle des dizaines n'aura progressé que d'un dixième de tour. L'axe des dizaines commande de la même façon la roue et l'aiguille des centaines, et ainsi de suite.

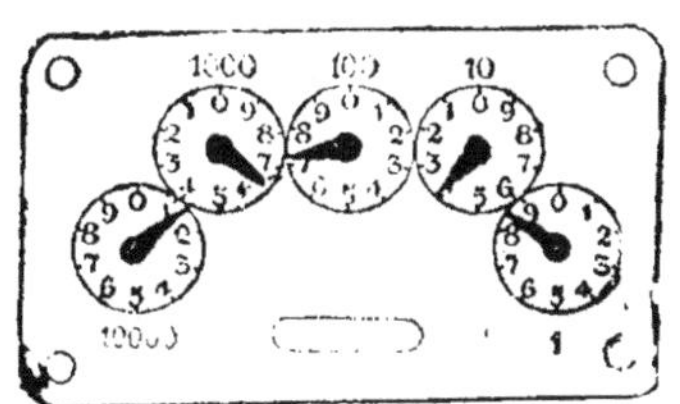

Fig. 53.

Il suffit donc de transcrire les chiffres indiqués sur chacun des cadrans. C'est ainsi que dans le cas d'un totalisateur à cinq cadrans, tel que celui représenté fig. 53, on note successivement, en commençant par la gauche, les chiffres marqués par les aiguilles des dix mille, des mille, centaines, dizaines et unités.

Cette opération qui parait très simple — et qui l'est en

effet, — exige pourtant quelque précaution, sans quoi l'on s'expose à commettre des erreurs nombreuses.

Tout d'abord, chaque fois qu'une aiguille n'est pas exactement sur une division, il faut inscrire le chiffre le plus faible, alors même que l'aiguille serait beaucoup plus rapprochée du chiffre supérieur. La raison en est bien simple : tant que l'aiguille des dizaines, par exemple, n'a pas atteint exactement le chiffre 4, c'est que la troisième dizaine n'est pas complètement finie. D'après cette règle, la cote indiquée fig. 53 s'écrira 16,738.

On peut quelquefois hésiter dans le cas où, comme le montrent les fig. 54 et 55, une aiguille, celle du cadran des mille par exemple, est très voisine du trait.

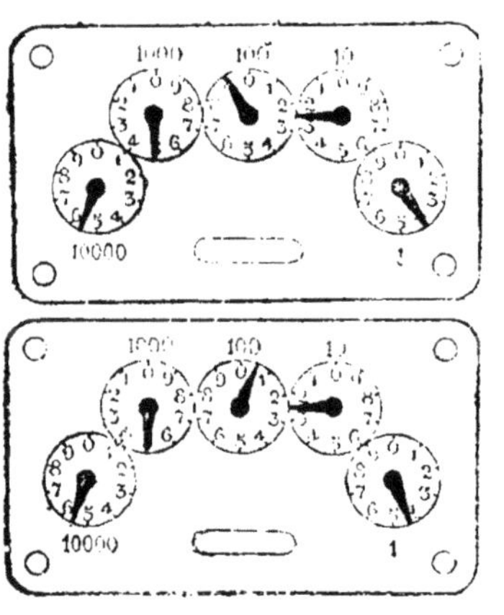

Fig. 54 et 55.

Pour savoir si l'on doit prendre le nombre voisin de l'aiguille ou celui qui précède, on regarde l'aiguille suivante qui est forcément dans le voisinage du zéro. Si elle est encore en avant du zéro, comme dans la fig. 54, on prendra le chiffre qui précède celui sur lequel l'aiguille se trouve et la cote sera 54,924.

Si, au contraire, l'aiguille a dépassé le zéro (fig. 55), on prendra le chiffre sur lequel l'aiguille se trouve et on notera 55,024.

Du nombre ainsi recueilli il faut retrancher le nombre accusé au relevé précédent, pour obtenir le chiffre représentant la consommation effectuée entre les deux derniers relevés. Si la constante du compteur est égale à l'unité, le chiffre ainsi obtenu indique exactement la dé-

BORDEREAU de la consommation d'Électricité

Pendant le mois de Septembre 1897

M

Le compteur marquait au dernier relevé	3	0	4	4	Compteur de 10 Ampères
A déduire ce qu'il marquait au relevé précédent.	2	9	0	8	
Différence à multiplier par **2** (Constante)	»	1	3	6	Constante du compteur : 2
Consommation pendant le mois de Septembre.	»	2	7	2	

	FR.	C.
272 Hectowats à **0** fr. **10**	27	20
Location du compteur	»	50
— des appareils	3	»
2 Lampes fournies à **1** fr. **20**	2	40
Timbre	»	10
TOTAL	33	20

Fig. 56. — Fac-simile d'un Bordereau de consommation

pense en ampères-heures ou en hectowattheures, suivant l'unité adoptée. Si non, le facteur constant, qui diffère pour chaque appareil, doit intervenir dans le calcul.

La fig. 56 donne le fac-simile d'un bordereau de consommation et montre de quelle façon est ordinairement rédigée la facture mensuelle en cas d'abonnement au compteur à tarif unique.

L'employé chargé de faire les relevés ne doit pas oublier de remonter les ressorts moteurs des appareils pourvus d'un mouvement d'horlogerie. Il examinera en outre si le plomb ou cachet de fermeture est intact et si rien ne révèle une avarie quelconque.

Indépendamment de cette inspection qui est forcément superficielle, un service de vérification doit être organisé par la station, car il est indispensable que chaque compteur soit périodiquement visité et nettoyé. Certains constructeurs préconisent une vérification renouvelée tous les deux mois. Nous pensons que c'est exagéré, car un compteur exigeant des visites aussi multipliées ne serait pas pratique, et que l'on peut se contenter de soumettre chaque appareil deux ou trois fois par an à une inspection sérieuse.

Le nettoyage du compteur doit être fait avec le plus grand soin, les poussières enlevées à l'aide d'un pinceau en blaireau, les collecteurs et balais des moteurs légèrement frottés avec une spatule garnie d'émeri extrêmement fin et essuyés doucement au moyen de rubans de lin glacé. Les pivots seront visités attentivement; on les garnira, si besoin est, d'une très petite quantité d'huile d'horlogerie.

Le nettoyage sera suivi d'une vérification de marche. On fera d'abord un essai de sensibilité en utilisant le débit minimum de l'installation, en allumant par exemple une seule lampe, et l'on s'assurera que le démarrage se produit bien avec cette faible charge. Un bon compteur démarre généralement à un centième de la charge totale qu'il est capable de supporter. On produira ensuite le débit maximum en faisant fonctionner pendant quelques instants toute l'installation. On observera alors s'il ne se produit point d'étincelle et si aucun organe ne s'échauffe à un degré anormal. Enfin, on ramènera le débit à une valeur moyenne, celle de la marche ordinaire de l'installation, après avoir noté les chiffres marqués par le totalisateur. Au bout d'un certain temps, un quart d'heure par exemple, on fera une nouvelle lecture et l'on vérifiera si la constante précédemment appliquée est encore exacte ou s'il convient de la modifier.

Pour cette dernière opération, il est utile d'avoir à sa disposition un ampèremètre et un voltmètre, ou bien un wattmètre, et de baser sur leurs indications le calcul de la constante. On construit aujourd'hui des instruments de ce genre très portatifs et suffisamment exacts.

Après s'être assuré que tout fonctionne bien, on refermera le compteur, sans oublier de sceller à nouveau le plomb de fermeture.

Bien que la vérification et le réglage puissent être effectués ainsi à domicile, on évite souvent de procéder de la sorte, car l'employé chargé de se rendre chez les différents abonnés et de faire sur place les opérations que nous venons d'énumérer est tenté de précipiter son travail pour abréger la durée du dérangement qu'il occasionne, tandis que l'abonné, ne pouvant généralement pas se rendre compte des mesures prises ni de la nature des réparations, ne les voit exécuter qu'avec méfiance par un inconnu.

C'est pourquoi certaines stations font enlever les compteurs qui doivent être visités. Chaque fois qu'un rapide et sommaire essai à la lampe révèle une anomalie quelconque, l'appareil est porté au laboratoire de l'usine où il est vérifié, nettoyé, essayé et, au besoin, réparé, avec tous les soins nécessaires. Un seul employé peut ainsi surveiller le fonctionnement simultané de plusieurs compteurs et en prolonger suffisamment l'essai pour que la constante soit déterminée avec toute la précision voulue. Il n'en est pas de même avec la vérification successive chez chaque abonné, car cette dernière occasionne une grande perte de temps et nécessite un personnel plus nombreux.

On a plus vite fait d'enlever le compteur et de le remplacer par un autre que de le soumettre à un examen nécessairement assez long.

Ce n'est qu'avec des soins minutieux, un entretien bien compris et des vérifications sérieuses, renouvelées assez fréquemment que l'on pourra espérer obtenir d'un compteur, quel qu'il soit, des résultats satisfaisants. Il faut bien se persuader que tout compteur mal vérifié et susceptible de se dérégler met la station dans un état d'infériorité facile à comprendre. Si l'appareil, en effet, se met à marcher plus vite et marque trop, l'abonné, qui a toujours la possibilité d'en contrôler l'exactitude, puisqu'il lui est facile de connaître sa consommation effective, ne manquera pas de protester et d'adresser des réclamations justement fondées, auxquelles on sera bien forcé de faire droit. Si, au contraire, le mécanisme se dérègle en sens inverse, s'il *marque trop faible*, l'abonné pourra fort bien ne pas y faire attention ou, l'ayant remarqué, négliger d'en instruire le personnel de l'usine. Ce dernier finira bien par s'apercevoir, mais trop tard, que les recettes ne correspondent plus aux quantités de courant distribuées sans pouvoir préciser jusqu'à quelle époque il conviendrait de faire remonter la modification de la constante.

CHAPITRE VIII

LES COMPTEURS A PAIEMENT PRÉALABLE

Depuis quelque temps, les compagnies de gaz placent chez certains de leurs abonnés des distributeurs automatiques dont le principe est le suivant :

En introduisant dans une fente *ad hoc* une pièce de monnaie, une valve s'ouvre et laisse passer dans la canalisation intérieure une quantité de gaz déterminée. Lorsque cette provision est épuisée, la valve se referme d'elle-même et le débit du gaz est supprimé jusqu'à ce que l'abonné effectue un nouveau versement.

On n'a donc plus à noter les chiffres accusés par des cadrans, pour en déduire le montant de la consommation et dresser la facture mensuelle. Il suffit qu'un encaisseur vienne, de temps en temps, ouvrir la boîte et recueillir le contenu de cette tirelire d'un nouveau genre.

L'accueil inespéré que cette innovation a reçu et l'accroissement de recettes qui en est résulté pour les compagnies gazières ont engagé les électriciens à rechercher un dispositif analogue applicable à la consommation de l'énergie électrique.

Jusqu'ici, aucun compteur électrique à paiement préalable n'a pu être introduit dans la pratique, mais plusieurs modèles sont actuellement à l'étude et les résultats qu'ils ont fournis rendent probable leur prochaine application.

Nous empruntons à l'*Énergie électrique* (1), la description de l'un de ces distributeurs, imaginé par MM. Bastian et Hodges. Cet appareil peut s'adapter à n'importe quel type de compteur.

« La pièce de monnaie forme tampon entre les deux « pièces d'un interrupteur dont l'une est tubulaire et dans « laquelle l'autre peut entrer comme plongeur quand la « pièce n'y est pas. En poussant le manche de l'interrup- « teur quand la pièce est en position, on met la lampe « (ou les lampes) en circuit et en même temps on actionne « une roue à rochet qui fait avancer le rouage comptant « de la quantité vendue pour dix centimes. Un poids « attaché à un fil qui passe autour d'une poulie fixée à la « roue à rochet est soulevé d'une hauteur correspondante « Quand on a consommé pour dix centimes d'énergie « électrique, le poids a repris sa position primitive. Il « fait sonner une sonnerie électrique et quelques instants « plus tard ferme le circuit d'un mécanisme électroma- « gnétique qui permet à un ressort d'agir sur l'interrup- « teur et d'ouvrir le circuit des lampes. »

Actuellement, le prix d'achat de ces instruments est encore prohibitif. Mais comme il n'est pas absolument indispensable qu'ils soient d'une précision rigoureuse, on pourra sans doute en créer, dans un avenir peu éloigné, des modèles simplifiés et peu coûteux (2).

Les stations centrales obtiendront certainement. en employant ces appareils, une plus value dans leurs

(1) 16 Septembre 1897.

(2) La quantité de courant livrée pour dix centimes peut être réglée de telle sorte que l'abonné paie à la fois son éclairage et la location du distributeur, ainsi que l'intérêt du prix de l'installation, si cette dernière est faite aux frais de la Compagnie.

recettes, par l'accroissement du nombre de leurs abonnés. Ce résultat, bien constaté par les compagnies de gaz, s'explique aisément.

L'ancien mode de paiement rend, en effet, l'emploi du gaz et de l'électricité inaccessible à bien des gens qui sont dans l'impossibilité de payer, en un seul versement, le montant des factures mensuelles. Les petits ménages d'ouvriers, notamment, où l'argent se gagne au jour le jour et se dépense de même, ne peuvent employer le gaz ou l'électricité qu'à la condition d'avoir la faculté de les acheter, comme le pain, le lait, le vin, le pétrole, au fur et à mesure de leurs besoins et suivant leurs ressources, par petits versements. Les résultats constatés dans le courant de l'année dernière pour la consommation du gaz, non seulement en France, mais aussi en Angleterre, en Allemagne et en Belgique, ne peuvent laisser aucun doute à cet égard.

Cette cause d'augmentation dans les recettes n'est pas la seule. Souvent, lorsque l'abonné recevait, à la fin du mois, une facture un peu élevée et dépassant ses prévisions, cette dépense inattendue l'effrayait quelque peu et il s'efforçait, pendant les mois suivants, de réduire le plus possible sa consommation, en faisant des économies parfois exagérées. Avec le paiement fractionné, il en est tout autrement. Chaque fois que l'abonné a besoin de lumière et qu'il sait pouvoir s'en procurer immédiatement en versant la modique somme de dix centimes, il fait sans hésiter cette dépense insignifiante et la renouvelle à tout propos, sans réfléchir que tous ces petits versements additionnés finissent par dépasser le montant des factures qui lui étaient auparavant présentées chaque mois et qu'il trouvait excessives.

Une autre considération rend le distributeur automatique précieux pour les compagnies d'électricité. Le compteur ordinaire constitue un véritable crédit ouvert à l'abonné. Si ce dernier ne paie pas la quittance qui lui est présentée à la fin du mois et s'il est insolvable, l'usine subit une perte proportionnée à la quantité d'énergie livrée pendant un mois à cet abonné. Le paiement préalable supprime tout crédit et tout risque de perte.

Enfin, ce système a l'avantage de réduire les frais de personnel, puisqu'il évite l'opération des relevés de consommation et le calcul de la dépense.

FIN

TABLE DES MATIÈRES

4-98 96. — Paris, Typ. Morris Père et Fils, rue Amelot, 64.

CATALOGUE N° 3

1898

Électricité

Éclairage

Chaleur

Librairie Bernard Tignol
53 bis, quai des Grands-Augustins

AIDE-MÉMOIRE

DE

L'INGÉNIEUR-ÉLECTRICIEN

RECUEIL

De Tables, Formules et Renseignements pratiques

A L'USAGE DES ÉLECTRICIENS

PAR

G. DUCHÉ, B. MARINOWITCH, E. MEYLAN et G. SZARVADY

INGÉNIEURS-ÉLECTRICIENS

6e édition augmentée par P JUPPONT

Un beau volume in-16, nombreuses figures intercalées dans le texte cartonnage anglais. Prix . . . . 6 fr.

TABLE DES CHAPITRES

PREMIÈRE PARTIE — INTRODUCTION

Tables et formules mathématiques. — CHAP. II. *Unités*, Théorie des Unités, Système C. G. S., Système métrique. — CHAP. III. *Mécanique.* Cinématique, Statique. CHAP. IV. *Chaleur*, Dilatations. — CHAP. V. *Acoustique.* Propagations du son. — CHAP. VI. Optique. — CHAP. VII. Électricité et Magnétisme, Électricité statique, Magnétisme induit, Induction, Thermo-électricité, Lois des courants.

DEUXIÈME PARTIE — ÉLECTRICITÉ INDUSTRIELLE

CHAPITRE I. Electrometrie. Instruments et Méthodes de mesure. — CHAP. II. Machines dynamo-électriques : Principes, enroulements, induction, rendement, montage, couplage, théorie, calcul, organes et construction, construction. — CHAP. III. Transformateurs. — CHAP. IV. Transport de force. — CHAP. V. Piles, accumulateurs. — CHAP. VI. Electrolyse, Galvanoplastie. — CHAP. VII. Eclairage électrique : Lampes à arc, intensité, coût, lampes à incandescence, distribution, conducteurs, régulation du courant, renseignements. — CHAP. VIII. Conducteurs, poids, resistance, épaisseur. — CHAP. IX. Appareils télégraphiques ; Mors, Sounder, Hughes, Wheatstone, Baudot, Siphon-Redorder, système de transmission, piles, lignes aériennes, souterraines, sous-marines. — CHAP. X. Téléphonie, téléphone électro-magnétique, transmetteurs micro-téléphonique, montage, réseaux téléphoniques, conducteurs. — CHAP. XIX. Sonneries. — CHAP. XV. Renseignements pratiques.

TROISIÈME PARTIE. — Documents administratifs.

Les livres sont envoyés franco contre envoi d'un mandat-poste.

Manuel pratique du Monteur-Electricien. Le Mécanicien-chauffeur électricien. Montage et conduite des installations électriques, etc., par J. Laffargue, ingénieur-électricien, attaché au service municipal de contrôle des Sociétés d'électricité de la Ville de Paris. — Petit in-8°, reliure en mouton souple, de 670 pages, 436 figures et 5 planches en couleurs. — Prix : **9** francs.

Cet ouvrage rendra d'éminents services, d'abord aux monteurs et aux chauffeurs, mais aussi aux ingénieurs et aux chefs d'industrie. Aucun ouvrage analogue ne peut lui être comparé. Il y a abondance de livres sur l'électricité, mais aucun, que nous sachions, ne groupe dans un exposé aussi méthodique, aussi clair, autant de renseignements pratiques. C'est là l'originalité de l'ouvrage. L'auteur, comme on dit, met la main à la pâte, et il ne craint pas d'insister sur les menus détails. Avec lui, on ne se contente pas de la théorie, on fait du métier. Sous sa direction on devient vite expert dans l'art de manier les machines, les distributeurs électriques et leurs accessoires. Au fond il s'agit d'un cours d'électricité industrielle fait par un ingénieur très compétent. M. Laffargue a professé ce cours depuis des années à la fédération professionnelle des chauffeurs de France et d'Algérie ; plus que personne il a compris comment il fallait s'y prendre pour familiariser ses auditeurs avec les petites difficultés d'ordre pratique qui gênent les débutants, aussi a-t-il réussi à écrire un livre que nous ne craignons pas de qualifier de « modèle du genre ».

Ce Manuel est d'ailleurs complet sous sa dernière forme. Deux éditions ont été vite épuisées. La troisième a été refondue d'un bout à l'autre. Production de l'énergie, dynamos à courants continus alternatifs, polyphasés, accumulateurs, transformateurs, appareils de mesure, canalisations, installations publiques et privées, etc. N'insistons pas davantage. Ce qu'il importe que l'on sache c'est qu'il existe maintenant un manuel, un vrai guide pratique du monteur, un *Vade-Mecum* de l'électricien. Ce livre rendra de véritables services à l'industrie. Nous le pensons et nous le disons avec une véritable satisfaction. — H. de P.

(*La Nature*).

TABLE DES CHAPITRES

I. *Définitions générales*; II. *Production de l'énergie électrique*. A. Sources diverses d'énergie électrique, B. Générateurs mécaniques d'énergie électrique, machines, dynamos. C. Accumulateurs et appareils de transformation ; D. Appareil de mesure, indicateurs divers, appareils de réglage ; E. Appareils de manœuvre ; III. *Modes de distribution de l'énergie électrique* : A. Généralités ; B. Distribution de l'énergie électrique par courants continus ; C. Distribution de l'énergie électrique par courants alternatifs ; D. Distribution de l'énergie électrique par courants polyphasés ; E. Systèmes mixtes de distribution ; F. Avantages et inconvénients respectifs des courants continus et alternatifs ; G. Réglage dans la distribution par feeders. IV. *L'Usine génératrice* : Installations sans accumulateurs, avec accumulateurs ; exploitation. V. *Canalisation dans les rues* : A. Conducteurs en eux-mêmes, cables ; B. Etablissement et pose des conducteurs ; C. Conditions diverses des canalisations. VI. *Installations intérieures* : I. Installations intérieures privées ; II. Installations sur réseaux de distributions, canalisations intérieures des abonnés. VII. *Appareils d'utilisation de l'énergie électrique* : A. Applications lumineuses, lampes à arc et à incandescence ; B. Applications mécaniques de l'énergie électrique ; C. Applications calorifiques ; D. Applications électro-chimiques ; E. Applications diverses. VIII. *Accidents électriques pouvant se produire dans une distribution d'énergie électrique. Moyens d'y remédier.* IX. *Instructions pratiques pour électriciens.* X. *Visite des stations centrales électriques à Paris. Renseignements pratiques.* XI. *Exemples divers d'installations électriques.* A. *Stations centrales à courants polyphasés;* B. *Installations électriques particulières.* XII. *Règlements divers concernant les installations électriques.* XIII. *Manuel par questions et réponses. Résumé du cours, questions posées aux examens. Réponses.* XIV. *Problèmes pratiques d'électricité.* XV. *Exercices pratiques de deuxième année.* XVI. *Réponses à diverses questions posées par les lecteurs du Manuel depuis l'apparition en Janvier 1893.*

LES SONNERIES ÉLECTRIQUES

INSTALLATION ET ENTRETIEN

PAR

GEORGES FOURNIER

Ingénieur-Électricien

Un beau volume in-16, quatrième édition, 59 figures dans le texte

Prix. . . . . . . 2 fr. 50

EXTRAIT DE LA TABLE DES MATIÈRES

Préface. — Unités électriques. — Introduction. — Les sonneries électriques employées aux usages domestiques. — Les appareils avertisseurs automatiques. — Installation et pose des circuits et appareils. Règles à observer. — Exemple de pose et d'installation. — Calcul des intensités de courant nécessité dans la pratique. Exemples. — Les sonneries électromagnétiques.

L'ÉCLAIRAGE ÉLECTRIQUE

DANS LES APPARTEMENTS

PAR

G. FOURNIER — Ingénieur-Électricien

P. JUPPONT — Ingénieur de la Cie Électro-Mécanique

Un beau volume in-16 carré, quatrième édition, 16 fig.

Prix : 1 fr. 50

TABLE DES MATIÈRES

Introduction. — Première partie : La lumière électrique et l'hygiène. — I. Introduction. — II. La lumière et l'oxygène. — III. Modifications apportées à l'air que nous respirons. — IV. Dangers de l'emploi du gaz. — V. La lumière et la vue. — VI. Le prix de la lumière électrique est-il un obstacle à son emploi ?

IIe partie : Production de la lumière électrique. — Chapitre Ier. Des piles. — II. Des lampes à incandescence. — III. Éclairage momentané, lampes portatives.

LE TRANSPORT DE LA FORCE
PAR L'ÉLECTRICITÉ
ET SES APPLICATIONS INDUSTRIELLES

Par E. JAPING

DEUXIÈME ÉDITION FRANÇAISE AVEC NOTES
ET SUPPLÉMENT PAR MARCEL DEPREZ

Un volume in-16, 49 figures. Prix . . . . 5 fr.

TABLE DES MATIÈRES

1. Unités électriques.
2. Introduction du transport de la force en général et en particulier du transport de la force par l'électricité.
3. Forces naturelles propres à être transmises par l'électricité.
4. Machines électriques pour la production du courant électro-moteur.
5. Théorie de la transformation du courant en travail.
6. Considérations théoriques concernant le rapport de la force à de grandes distances.
7. Emploi des machines électriques construites jusqu'à présent pour le rapport de la force et travail qu'elles peuvent fournir dans la pratique.
8. Les conducteurs électriques.
9. La propagation et la distribution du courant électrique.
10. Distribution du courant électrique.
11. Transformateurs et accumulateurs.
12. Procédé pour diminuer les pertes d'énergie.
13. Applications industrielles.
14. Rendement économique du transport de la force par l'électricité.
15. Appendice. Nouvelles expériences du transport de la force.

D'URBANITZKI

LES
LAMPES ÉLECTRIQUES
ET LEURS ACCESSOIRES

DEUXIÈME ÉDITION FRANÇAISE PAR GEORGES FOURNIER

126 figures dans le texte. Prix . . . 4 fr. 50

EXTRAIT DE LA TABLE DES MATIÈRES

I. Théorie de la lampe à incandescence.
II. Théorie de l'Arc voltaïque.
III. Division de la lumière électrique.
IV. Lampes et appareils d'éclairage. — Lampes à incandescence à conductibilité imparfaite. — Lampes à incandescence à contact imparfait. — Lampes à régulateur. — Bougies électriques. — Lampes avec des charbons inclinés l'un vers l'autre.
V. Charbons pour lampes à arc et leur fabrication.
VI. Appendice.—Les nouvelles lampes à incandescence

Les livres sont envoyés franco contre envoi d'un mandat poste

P. CLÉMENCEAU

LES

ACCUMULATEURS ÉLECTRIQUES

Un volume in-16 avec 28 figures dans le texte

Deuxième édition

Prix . . . . 3 francs

TABLE DES CHAPITRES. — Description et mode d'emploi des piles secondaires. — Montage des éléments et choix du local pour les accumulateurs. — Charge et décharge. — Les accidents : leurs causes et leurs remèdes. — Résumé.

Les travaux d'installation : Les moteurs, les dynamos, leur conduite — Tableaux commutateurs, instruments, lampes et fils. — Couplage des éléments avec des dynamos. — Fonctionnement et réglage.

P. CLÉMENCEAU

LES MACHINES

DYNAMO-ÉLECTRIQUES

Un volume in-16 avec 11? figures dans le texte

Deuxième édition

Prix . . . . 5 francs

TABLE DES MATIÈRES. — Théorie de l'induction. — De la machine dynamo-électrique. — Historique et machines diverses. — Anneau Gramme et modifications. — Machines dynamo-électriques à courants alternatifs. — Machines magnéto-électriques à courants alternatifs. — Machines à

courant continu et induit en forme d'anneau. — Machines dynamo-électriques à induit en forme de bobine ou tambour cylindrique. — Machines dynamo-électriques à courants alternatifs. — Machine magnéto-électrique. — Machine à induit en forme de disque. — Notions pratiques relatives aux machines dynamos.

STUART A. RUSSELL

CABLES D'ÉCLAIRAGE ÉLECTRIQUE

Uu volume in-16 avec 107 figures dans le texte
Prix . . . . 6 francs

VILLON

LE PHONOGRAPHE

Un vol. in-16 avec 98 figures dans le texte
Prix . . . . 2 francs

R.-V. PICOU
Ingénieur des Arts et Manufactures

MANUEL D'ÉLECTROMÉTRIE INDUSTRIELLE

1 vol. in-8° de 156 pages avec 38 fig. dans le texte
Prix . . . . 5 francs

G. FOURNIER
INGÉNIEUR ÉLECTRICIEN

TERMINOLOGIE ÉLECTRIQUE

Un volume in-16 de 38 pages
Prix . . . . 1 fr. 50

LE COMTE TH. DU MONCEL

APPLICATIONS de L'ÉLECTRICITÉ

5 volumes grand in-8°

Tome I. Technologie électrique.
Tome II. — —
Tome III. Télégraphie électrique.
Tome IV. Applications mécaniques de l'électricité.
Tome V. Applications industrielles de l'électricité.
Prix, relié toile . . . . 50 francs
Chaque volume se vend séparément 12 fr. 50

M. DE NANSOUTY. — H. MAMY
P. JUPPONT. — G. RICHOU

SCIENCE ET GUERRE

1 vol. in-16, de 193 pages, avec 57 fig. dans le texte
Prix . . . . 4 francs

E. BLAVIER
Inspecteur des lignes télégraphiques

TRAITÉ
DE
Télégraphie électrique

2 volumes in-8° de 472 pages
avec nombreuses figures dans le texte

Prix . . . . . . 20 fr.

Spécimen des figures

TABLE DES MATIÈRES. — **Electricité statique. Fluides électriques. Corps conducteurs. Fluide neutre. Réservoir commun. Tension électrique. Electrisation par influence. Machine électrique. Condensateurs. Courant électrique. Electricité statique et dynamique. Effets de l'électricité dynamique. Propriétés du courant électrique et ses effets divers. Induction. Mesure de l'intensité des courants. Lois du courant électrique. Propagation de l'électricité. Piles à courant constant. Electricité atmosphérique. Composition d'un système télégraphique. Manipulateurs. Récepteurs. Translation. Substitution des machines magnéto-électriques aux piles. Description des principaux appareils télégraphiques. Appareil anglais à aiguille. Appareil à cadran. Appareil Morse. Appareils électrochimiques. Lecture au son ; parleurs. Appareils de translation. Appareils Morse à double style. Commutateurs. Appareils de résistance. Fils conducteurs dans les postes. Les piles. Emploi de la pile pour plusieurs directions. Machines magnéto-électriques. Installation des bureaux télégraphiques. Postes extrêmes. Postes intermédiaires. Postes multiples. Transmission simultanée. Rappel des postes. Orages. Courants produits par les aurores boréales. Courants permanents dans les fils. Dérivations accidentelles. Perte de courant sur les lignes. Mélange de fils. Polarisation. Mauvaise communication avec la terre. Courants de charge et de décharge. Vitesse de transmission. Détermination de la résistance d'un conducteur. Recherches des dérangements dans les postes. Appuis divers. Isolateurs. Tension des fils. Principes généraux pour la construction des lignes électriques. Câbles aériens. Matières qui composent les lignes souterraines et sous-marines. Télégraphie sous-marine. Procédés d'immersion. Appareils à cadran. Appareils écrivant. Appareils acoustiques. Appareils imprimeurs. Appareil imprimeur de M. Hugues. Appareils autographiques ou pantélégraphes. Pantélégraphe Caselli. Typo-Télégraphes. Relais. Plusieurs dépêches par le même fil. Théorie de la transmission des signaux télégraphiques. Télégraphie à grande distance. Télégraphie à petite distance. Télégraphie militaire. Exploitation des chemins de fer. Avertisseurs et enregistreurs électriques.**

A. BOUSSAC
Inspecteur des lignes télégraphiques

PRÉCIS
DE
TÉLÉGRAPHIE
ÉLECTRIQUE

1 vol. in-8°, de 500 pages
avec 233 figures dans le texte

Prix. . . . . . 5 fr .

TABLE DES MATIÈRES.—**Electricité et magnétisme. De la pesanteur et du pendule. Du poids et de la densité. Du baromètre. Du thermomètre. Phénomènes fondamentaux et théorie de l'électricité. Loi de l'électricité statique Electrisation par influence. Electricité condensée. Electricité atmosphérique. Notions de magnétisme. Courants électriques. Pile de Volta. Notions de chimie. Théorie électrochimique. Piles hydro-électriques. Loi des intensités des courants. Courants dérivés. Electro-dynamique. Electro-aimants. Télégraphie: principes généraux. Notions sur les mouvements d'horlogerie. Transformations des mouvements. Des télégraphes Morse et à cadran. Communications télégraphiques simples. Relais. Communications multiples. Communications simultanées. Influence des lignes sur les communications télégraphiques. Boussoles. Commutateurs. Paratonnerres. Sonneries et parleurs. Télégraphes Hughes, d'Arlincourt, Caselli. Lignes télégraphiques aériennes : principes fondamentaux. Construction des lignes.**

MANUEL

DE

GALVANOPLASTIE

DORURE, ARGENTURE

CUIVRAGE

NICKELAGE, ÉTAMAGE

Par Georges BRUNEL

1 vol. in-16 avec 28 figures dans le texte

Prix. . . . . 4 fr.

TABLE DES MATIÈRES

Galvanoplastie. -- Décomposition électrolytique. Principes. Historique. Divisions de procédés électrochimiques. — Appareils. Sources d'électricité. Piles. Machines dynamo. Accumulateurs. — Préparation des surfaces. Moulage. Métallisation. Mise au bain. Galvanotypie.

Electrochimie. — Préparation des surfaces. Décapages. Dorure à froid. Dorure à chaud. Dédorage. Extraction de l'or des vieux bains. — Argenture. Conduite de l'opération. Résumé des opérations. Désargenture. Extraction de l'argent des vieux bains. Argenture des miroirs et des glaces. — Cuivrage. Laitonisage. — Nickelage. Préparation des pièces. Conduite de l'opération. Dénickelage. Divers métaux. Zingage. Ferrage et aciérage. Platinage. Aluminiage. Plombage. Etamage. Antimoniage. Cobaltisage.

Dépôts métalliques par simple immersion. — *Finissage des pièces.* — *Unités de mesure.* — *Renseignements chimiques.* — *Procédés, recettes et tours de main.* — Dépôts métalliques. Principes. Dorure au trempé. Dorure de l'aluminium. Moyen de reconnaître la dorure au mercure de la dorure électrochimique. Argenture au trempé. Cuivrage au trempé. Etamage au trempé. Antimoniage au trempé. Ors de couleur. Argent et vieil argent. Epargnes. — L'anthropoplastie galvanique. — Formules et procédés utiles. Recettes diverses. — Unités de mesure. Données chimiques. Tableau des constantes thermiques. Equivalents chimiques et électrochimiques. Chaleur de formation des principaux sels potassiques dissous.

CATÉCHISME

D'ÉLECTRICITÉ PRATIQUE

Premières Leçons à la portée de tous

PAR

Ernest SAINT-EDME

Ancien Professeur de Physique à l'Ecole Turgot

1 vol. in-16 avec 73 figures dans le texte

Prix . . . . 2 fr. 50

TABLE DES CHAPITRES

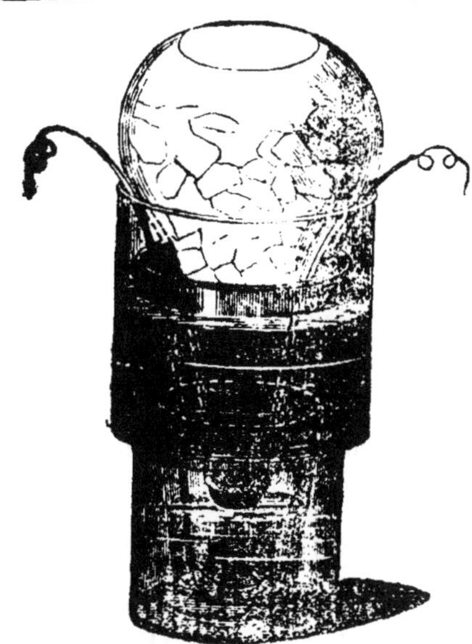

PILES ÉLECTRIQUES
THERMO-ÉLECTRIQUES

PAR HAUCK

Edition française par Georges FOURNIER

Un volume in-16. Prix, 5 fr.

Extrait de la Table des Matières

INTRODUCTION.

Découverte du galvanisme. — Actions dans l'élément Volta. — Le courant galvanique. — Force électromotrice. — Potentiel. — Résistance. — Cause de la grandeur de la force électromotrice. — Disposition des éléments. — Travail du courant. — Loi de Joule.

LES PILES ÉLECTRIQUES.

Dépolarisation par l'oxygène de l'air — Emploi des électrodes en charbon, leur fabrication et comment la bande de dérivation doit y être fixée. — Dépolarisation par l'oxygène des oxydes métalliques.

Eléments avec liquides. — Piles sèches.

Dépolarisation par l'oxygène des acides.

Eléments à l'acide nitrique. — Chargement et vidange d'une pile de grande dimension. — Eléments à l'eau régale. — Eléments au chlore. — Eléments à l'acide chromique. — Eléments télégraphiques. — Piles pour lumière électrique. — Eléments à acide chromique sans vase poreux. — Elément de campagne. — Eléments au sulfate de cuivre. — Les vases poreux dans l'élément Danieli. — Eléments télégraphiques. — Eléments pour éclairage électrique. — Remplacement du sulfate de cuivre par d'autres sels.

Eléments à deux liquides; id. à un liquide et un gaz; id. à deux gaz.

ELÉMENTS SECONDAIRES.

Chargement des accumulateurs. — Degré d'activité des accumulateurs.

PILES THERMO-ÉLECTRIQUES.

L'ÉLECTROLYSE ET L'ÉLECTROMÉTALLURGIE

PAR E. JAPING

Deuxième édition par Charles BAYE

Un volume in-16, 46 figures. Prix . . . . 4 fr.

TABLE DES MATIÈRES

A. TOBLER et L. DE BELFORT DE LA ROQUE

L'HORLOGERIE ÉLECTRIQUE

1 vol. in-16°, de 152 pages, avec 65 figures dans le texte

Prix : 3 francs

TABLE DES MATIÈRES. — Unités de mesure. Unités fondamentales, système C. G. S. Unités géométriques. Unités mécaniques. Unités électro-magnétiques. Introduction. Appareils à cadrans sympathiques et régulateurs. Horloges de Wheatstone, Bain, Garnier, Stohrer, Fritz, Bréguet, Siemens et Halske, du chemin de fer de Droz, de Houdin-Callaud et Mildé, Gloesener, Hipp, Arzberger. Appareil de contact à mercure de

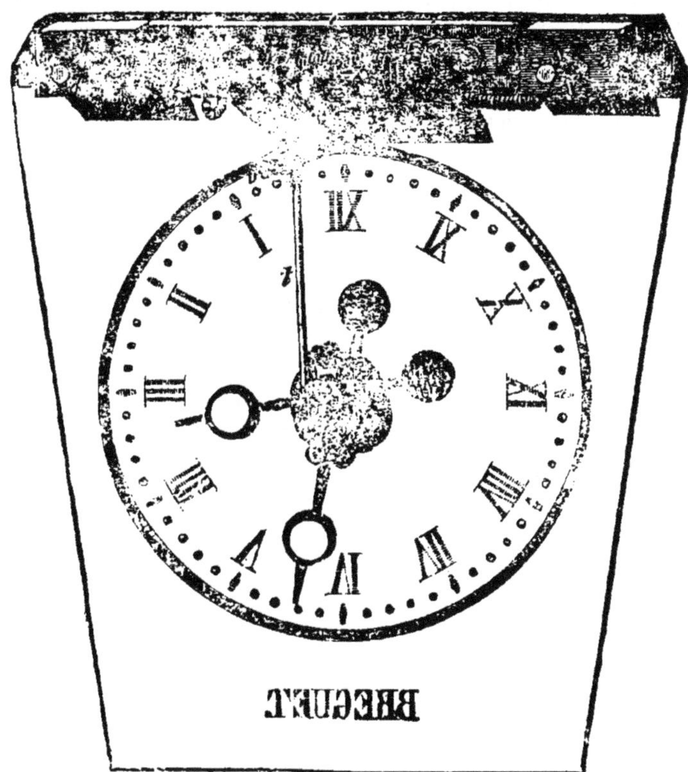

Horloge électrique, système Bréguet

Leclanché et Napoli, et de E. Liais. Remise à l'heure. Système de Bréguet, de Collin. Réglage des horloges à Berlin, à Paris. Système de Barraud et Lund. Système de Hipp. Horloges à pendules électriques de Liais et de Kramer. Horloge à pendule de Hipp. Horloge de Schweizer. Pendules à remontoir électrique. Pendules à remontoir Mouilleron et Anthoine. Pendule de Callaud. Horloge de M. Bréguet. Pendule électrique à remontoir et à sonnerie, système Japy frères et Cᵒ. Horloges électriques, système Château. Horloges à remontage électrique.

Envoi franco, joindre un mandat-poste à la demande.

BIBLIOTHÈQUE DES ACTUALITÉS INDUSTRIELLES

75 volumes in-16, avec nombreuses gravures

ÉLECTRICITE

Accumulateurs électriques, par D. SALOMON (29 figures). . . . . 3 »
Cables d'éclairage électrique, par St. A. RUSSEL. . . . . 6 »
Catéchisme d'Electricité pratique, par ST-EDME. 2 50
Dynamo électrique (Les machines), par P. CLÉMENCEAU (116 figures) . . . . 5 »
Eclairage électriques dans les appartements, par JUPPONT (18 figures) 1 50
Electrolyse et Electrométallurgie, par JAPING (46 fig.) . . . . 4 »
Galvanoplastie, dorure, argenture, par BRUNEL. . . . . 4 »
Horlogerie électrique, par TOBLER (65 fig.) 3 »
Ingénieur électricien (Aide Mémoire de l'), par JUPPONT, cart. . . . . 9 »
Lampes électriques, par D'URBANITZSKY. 4 50
Lumière électrique (Installations privées), par ANNEY. . . . . 5 »
Lumière électrique (Stations Centrales), par ANNEY. . . . . 7 »
Ouvrier monteur électricien, par P. LAFFARGUE, cart. . . . . 9 »
Piles électriques, par HAUCK (80 figures). 5 »
Sonneries électriques, par G. FOURNIER (59 figures). 2 50
Téléphone, Microphone, Radiophone, par SCHWARTZE (153 figures) . . . . . . 4 »
Téléphonie industrielle, par WIETLISBACH (123 figures). . . . . 5 »
Terminologie électrique, par FOURNIER 1 50
Transport de la Force par l'électricité, par DEPREZ (49 figures). . . . . 5 »

INDUSTRIE - ARTS-ET-MÉTIERS CHIMIE

Acétylène (L'), par DOMMER (140 fig.). . . 4 50
Alcools (Fabrication des), par ROBINET, (32 fig.). . . . . 5 »
Ammoniaque (Fabrication de l'), par TRUCHOT. . . . . 6 »
Bière (Fabrication de la), par BOULIN (17 fig. et 1 planche) . . . . 9 »
Briquetier. Tuilier, par LEJEUNE (219 fig.) 8 »
Chaux, Ciments, Plâtres, par LEJEUNE (59 figures). . . . . 5 »
Chocolat (Fabrication du), par L. DE BELFORT (45 figures). 4 50
Corps gras. par VILLON (23 figures). . . . 6 »
Distillateur (Manuel du), par ROBINET (9 figures). 5 »
Eaux (Analyse des), par Fabre DOMERGUE (10 figures). 1 50
Encres et Cirages, (Fabrication des), par DESMAREST . . . . 5 »
Filets de pêche, (Fabrication des), par VANNETELLE (65 figures). . . . . 3 »
Glace (les Machines à), par LEZÉ (39 fig.). 4 »
Matières colorantes artificielles, par MAMY 1 50
Meunerie (Manuel de), par L. DE BELFORT (58 figures). 6
Parfumeur (Guide du), par ASKINSON (30 fig.) 6
Principes de Chimie, par MENDÉLÉEF, (2 vol. cart. toile) 15
Savonnier (Manuel du) par CALMELS (26 fig.) 5
Soie (Fabrication de la), par VILLON (67 fig.) 6
Sucre (Manuel du fabricant de), par BOULIN (30 figures) 6
Teinture des Textiles, Manuel pratique, par S. HUMMEL et DOMMER (80 figures).. 7
Vins rouges. vins blancs, etc., par ROBINET (50 figures). 5
Vins Mousseux, par ROBINET (56 figures). 5
Vins, Analyse (des), par ROBINET (36 fig.). 5

MÉTALLURGIE - MECANIQUE ART DE L'INGÉNIEUR

Architectes et Entrepreneurs (Carnet Formulaire des) par C. SÉE, cart. . . . 4
Acier (Fabrication et Emploi), par CAMPREDON ((53 figures) 6
Aluminium (Fabrication), par MINET (40 figures). 4 5
Aluminium (Emplois et alliages), par MINET.. 4 5
Arpentage et Levé de Plans, par DALLET (73 figures) 4
Automobiles (Manuel du chauffeur-conducteur d') par FARMAN. 3
Catéchisme des Chauffeurs-Mécaniciens 1 5
Carnet de l'Ingénieur, par LACROIX, cart. 5
Chemin de fer glissant, par M. de NANSOUTY (12 figures). 1 5
Cheminées d'Usines (Construction des) par LEFÈVRE (13 figures) 1 5
Drainage des Terres arables, par LARBALÉTRIER (29 figures). 4
Géodésie, par DALLET. 4
Graissage des Machines, par THURSTON 4
Laminage du Fer, par NEVEU et HENRY (1 vol. et atlas). 40
L'Or (Métallurgie de), par DE LA COUX . . . 5
Résistance des Matériaux, par COURTIN (82 figures) 5
Table des Cordes et Flèches, par SERGENT. 1 5
Tour Eiffel, par M. de NANSOUTY (22 fig.) 2 5

VARIÉTÉS

Les Rayons X (Manuel de Radiographie), par BRUNEL 1
Aérostation (Manuel d'), par FONVIELLE. . 5
Phonographe (le). par VILLON 2
Chaleur (la), par MAXWELL. 6
Navigation sous-marine, par VILLON . . 1 5
Télégraphie optique, par M. DE NANSOUTY 4
Photographe amateur (Manuel du) par F. DGOMERUE 3

Envoi franco, joindre un mandat-poste à la demande.

BIBLIOTHÈQUE DES ACTUALITÉS INDUSTRIELLES

ÉLECTRICITÉ

Accumulateurs électriques, par D. SALOMON (29 figures). . . . . 3 »
Cables d'éclairage électrique, par St. A. RUSSEL. . . . . 6 »
Catéchisme d'Electricité pratique, par ST-EDME 2 50
Compteurs d'électricité, par E. COUSTET 56 fig. 2 50
Dynamo électriques(Les machines), par P. CLÉMENCEAU (116 figures) . . . . . . 5 »
Electrolyse et Electrométallurgie, par JAPING (46 fig.) . . . . 4 »
Galvanoplastie, dorure, argenture, par BRUNEL. . . . . 4 »
Horlogerie électrique, par TOBLER (65 fig.) 3 »
Ingénieur électricien (Aide Mémoire de l'), par JUPPONT, cart. . . . . 6 »
Lampes électriques, par D'URBANITZSKY. 4 50
Lumière électrique (Manuel pratique de l'installation de la) par ANNEY, 2 vol :
Installations privées, 135 fig. . . . . . . 5 »
Stations centrales, 99 fig. et 10 pl. . . 7 »
Monteur electricien (Manuel pratique du) par P. LAFFARGUE, 500 fig. et pl. en couleurl, reliure souple. . . . . 9 »
Piles électriques, par HAUCK (80 figures). 5 »
Sonneries électriques, par G. FOURNIER (59 figures). 2 50
Téléphone (Manuel pratique du) 2 vol :
Installations privées par SCHWARTZE. 153 fig . . . . 4 »
Installations industrielles à grande distance, par WIETLISBACH. 123 fig. . 4 »
Terminologie électrique, par FOURNIER 1 50
Transport de la Force par l'électricité, par DEPREZ (49 figures). . . . . 5 »

INDUSTRIES - ARTS-ET-MÉTIERS CHIMIE

Acétylène (L'), par DOMMER (140 fig.). . . 4 50
Alcools (Fabrication des), par ROBINET, (32 fig.). . . . . 5 »
Ammoniaque (Fabrication de l'), par TRUCHOT. . . . . 6 »
Bière (Fabrication de la), par BOULIN (17 fig. et 1 planche). . . . . 9 »
Briquetier. Tuilier, par LEJEUNE (219 fig.) 8 »
Chaux Ciments, Plâtres, par LEJEUNE (59 figures). . . . . 5 »
Chocolat (Fabrication du), par L. DE BELFORT (45 figures). 4 50
Corps gras. par VILLON (23 figures). . . . 6 »
Distillateur (Manuel du), par ROBINET (9 figures). . . . . 5 »
Eaux (Analyse des), par FABRE DOMERGUE (10 figures). 1 50
Encres et Cirages, (Fabrication des), par DESMAREST . . . . 5 »
Filets de pêche, (Fabrication des), par VANNETELLE (65 figures). . . . . 3 »
Glace (les Machines à), par LEZÉ (39 fig.). 4 »
Matières colorantes artificielles, par MAMY . . . .
Meunerie (Manuel de), par L. DE BELFORT (58 figures). . . . .
Parfumeur(Guide du), par ASKINSON (30fig.)
Principes de Chimie, par MENDÉLÉEF, (2 vol. cart. toile) . . . .
Savonnier (Manuel du) par CALMELS(26 fig.)
Soie (Fabrication de la), par VILLON (67 fig.)
Sucre (Manuel du fabricant de), par BOULIN (80 figures). . . . .
Teinturier (Manuel pratique du) par S. HUMMEL et F. DOMMER (80 figures . . .
Vins rouges, **vins blancs**, etc., par ROBINET (50 figures). . . . .
Vins Mousseux, par ROBINET (56 figures).
Vins, Analyse (des), par ROBINET (36 fig).

MÉTALLURGIE - MÉCANIQUE ART DE L'INGÉNIEUR

Architectes et Entrepreneurs (Carnet Formulaire des) par C. SÉE, cart. . . .
Acier (Fabrication et Emploi), par CAMPREDON (153 figures) . . . .
Aluminium par Ad. MINET, 2 vol :
Nouveaux procédés de fabrication, 38 fig. . . . .
Alliages, emplois récents . . . .
Arpentage et Levé de Plans, par DALLET (73 figures) . . . .
Automobiles (Manuel du chauffeur-conducteur d') par FARMAN. . . . .
Catéchisme des Chauffeurs-Mécaniciens
Carnet de l'Ingénieur, par LACROIX, cart.
Chemin de fer glissant, par M. de NANSOUTY (12 figures). . . . .
Cheminées d'Usines (Construction des) par LEFÈVRE (13 figures) . . . .
Drainage des Terres arables, par LARBALÉTRIER (29 figures). . . . .
Géodésie, par DALLET. . . . .
Graissage des Machines, par THURSTON
Laminage du Fer, par NEVEU et HENRY (1 vol. et atlas). . . . .
L'Or (Métallurgie de), par DE LA COUX . . .
Résistance des Matériaux, par COURTIN (82 figures). . . . .
Table des Cordes et Flèches, par SERGENT. . . . .
Tour Eiffel, par M. de NANSOUTY (22 fig.)

VARIÉTÉS

Les Rayons X (Manuel de Radiographie), par BRUNEL . . . .
Aérostation (Manuel d'), par FONVIELLE. .
Phonographe (le), par VILLON . . . .
Chaleur (la), par MAXWELL. . . . .
Navigation sous-marine, par VILLON . .
Télégraphie optique, par M. DE NANSOUTY

www.ingramcontent.com/pod-product-compliance
Ingram Content Group UK Ltd.
Pitfield, Milton Keynes, MK11 3LW, UK
UKHW021535260726
13993UKWH00002B/515

9 782329 425627